工科数学分析练习与提高(三)

GONGKE SHUXUE FENXI LIANXI YU TIGAO

(第二版)

马晴霞　黄　娟　主编

图书在版编目(CIP)数据

工科数学分析练习与提高.三、四(第二版)/马晴霞,黄娟主编. —武汉:中国地质大学出版社,2022.8(2024.7重印)
ISBN 978-7-5625-5392-2

Ⅰ.①工… Ⅱ.①马…②黄… Ⅲ.①数学分析-高等学校-习题集 Ⅳ.①O17-44

中国版本图书馆 CIP 数据核字(2022)第 157643 号

工科数学分析练习与提高(三)(四)(第二版)	马晴霞 黄 娟 主编
责任编辑:郑济飞	责任校对:谢媛华
出版发行:中国地质大学出版社(武汉市洪山区鲁磨路388号)	邮政编码:430074
电 话:(027)67883511　传 真:(027)67883580	E-mail:cbb@cug.edu.cn
经 销:全国新华书店	http://cugp.cug.edu.cn
开本:787毫米×1 092毫米 1/16	字数:197千字　印张:11.25
版次:2022年8月第2版　2018年7月第1版	印次:2024年7月第2次印刷
印刷:武汉中远印务有限公司	
ISBN 978-7-5625-5392-2	定价:40.00元(全2册)

如有印装质量问题请与印刷厂联系调换

前　言

本书是《工科数学分析(第二版)》的配套辅助教材,可作为高等学校"工科数学分析"与"高等数学"课程的教学参考书。该书具有以下特色。

(1)全书分为四册,其中第一册和第二册是《工科数学分析(第二版)》(上册)的配套教辅,第三册和第四册是《工科数学分析(第二版)》(下册)的配套教辅。

(2)第一册和第二册的主要内容有函数、极限、连续性,导数与微分,中值定理与导数的应用,一元函数的不定积分,一元函数的定积分;第三册和第四册的主要内容有向量代数与空间解析几何,无穷级数,重积分,第一型曲线积分和曲面积分,第二型曲线积分和曲面积分,常微分方程。

(3)该书精选各类型习题,题量适中。每分册中每节的习题分为 A、B、C 类。A 类为基本练习,用于巩固基础知识和基本技能;B 类和 C 类为加深和拓宽练习。

(4)每分册附有部分习题答案,以供参考。

本书的出版得到了中国地质大学(武汉)数学与物理学院领导及全体大学数学部老师的支持和帮助,他们分别是:李星、杨球、罗文强、田木生、肖海军、杨瑞琰、何水明、向东进、刘鲁文、李少华、肖莉、黄精华、李志明、余绍权、陈兴荣、王军霞、刘剑锋、杨迪威、邹敏、张玉洁、黄娟、马晴霞、杨飞、李卫峰、王元媛、陈荣三、乔梅红。谨在此向他们表示衷心的感谢!

由于编者水平有限,加之编写时间仓促,书中难免有不足之处,敬请广大读者批评指正!

编　者
2022 年 7 月

目　录

第一章　向量代数 ……………………………………………………………… (1)
　　第一节　向量及其线性运算 …………………………………………………… (1)
　　第二节　数量积、向量积、混合积 ……………………………………………… (4)

第二章　无穷级数(一) …………………………………………………………… (11)
　　第一节　数项级数的收敛与发散 ……………………………………………… (11)
　　第二节　正项级数 ……………………………………………………………… (15)
　　第三节　一般级数 ……………………………………………………………… (20)
　　第四节　函数项级数的基本概念 ……………………………………………… (26)

第三章　多元函数的微分学(一) ………………………………………………… (30)
　　第一节　多元函数的极限与连续 ……………………………………………… (30)
　　第二节　偏导数和全微分 ……………………………………………………… (34)
　　第三节　复合函数的微分法 …………………………………………………… (38)
　　第四节　方向导数与梯度 ……………………………………………………… (41)

第四章　重积分 …………………………………………………………………… (46)
　　第一节　二重积分的概念 ……………………………………………………… (46)
　　第二节　二重积分的计算 ……………………………………………………… (48)
　　第三节　广义二重积分 ………………………………………………………… (53)
　　第四节　三重积分的概念及计算 ……………………………………………… (53)
　　第五节　重积分的应用 ………………………………………………………… (56)

第五章　第二型曲线积分和曲面积分(一) ……………………………………… (59)
　　第一节　第二型曲线积分 ……………………………………………………… (59)
　　第二节　格林公式 ……………………………………………………………… (63)
　　第三节　平面曲线积分与路径无关的条件、保守场 ………………………… (67)

第六章　常微分方程(一) ………………………………………………………… (70)
　　第一节　微分方程的基本概念 ………………………………………………… (70)
　　第二节　一阶微分方程 ………………………………………………………… (73)

参考答案 ………………………………………………………………………… (78)

第一章 向量代数

第一节 向量及其线性运算

理解空间直角坐标系、向量的概念及其表示,掌握向量的线性运算.理解向量在坐标轴上的分向量与向量的坐标的概念,掌握向量、单位向量、方向余弦的坐标表示法以及用坐标对向量进行线性运算.

1. 向量的定义,向量的模,向量的夹角,向量的平行、垂直等概念,向量的运算包含向量的加法,向量的数乘运算,以及向量平行的充分必要条件;

2. 空间直角坐标系的定义,向量的坐标分解式,利用坐标进行向量运算,以及利用坐标判断向量的平行;

3. 向量的模、方向角、方向余弦的定义与计算.

例1 求 x 轴上与点 $A(4,4,-7)$ 和点 $B(-1,8,6)$ 等距离的点.

分析 本题主要涉及两个知识点:(1)坐标轴上点坐标表示;(2)空间上两点间的距离公式.

解 设 x 轴上点 P 的坐标为 $(x,0,0)$,依题意可得

$$|PA|=\sqrt{(x-4)^2+16+49}$$
$$|PB|=\sqrt{(x+1)^2+64+36}$$

由 $|PA|=|PB|$ 可解得 $x=-2$,故该点的坐标为 $(-2,0,0)$.

例2 设一向量与各坐标轴之间的夹角为 α,β,γ,其中 $\alpha=\dfrac{\pi}{3}$,$\beta=\dfrac{2\pi}{3}$,求 γ.

分析 本题主要利用向量的三个方向角之间的关系,即 $\cos^2\alpha+\cos^2\beta+\cos^2\gamma=1$.

解 因为 $\cos^2\alpha+\cos^2\beta+\cos^2\gamma=1$,可知

$$\cos^2\gamma=1-(\cos^2\alpha+\cos^2\beta)=1-(\cos^2\dfrac{\pi}{3}+\cos^2\dfrac{2\pi}{3})=\dfrac{1}{2}$$

可得 $\cos\gamma = \pm\frac{\sqrt{2}}{2}$，由于 $\gamma \in [0,\pi]$，因此 $\gamma = \frac{\pi}{4}$ 或 $\gamma = \frac{3\pi}{4}$.

例 3 设 $m = i+j, n = -2j+k$，求以 m, n 为边的平行四边形的对角线长度.

分析 本题涉及向量的加减以及向量模的计算.

解 对角线的长分别为 $|m+n|, |m-n|$，因为
$$m+n = i+j+(-2j+k) = i-j+k = (1,-1,1)$$
$$m-n = i+j-(-2j+k) = i+3j-k = (1,3,-1)$$
所以
$$|m+n| = \sqrt{1^2+(-1)^2+1^2} = \sqrt{3}$$
$$|m-n| = \sqrt{1^2+3^2+(-1)^2} = \sqrt{11}$$
即平行四边形的边长分别为 $\sqrt{3}, \sqrt{11}$.

A 类题

1. 填空题

(1) 若 $A(1,-1,3), B(1,3,0)$，则 AB 中点坐标为 _____，$|AB| =$ _____.

(2) 已知点 $A(1,-6,3)$ 和点 $B(6,4,-2)$，点 P 在 Z 轴上使 $|AP| = |BP|$，则 P 点的坐标为 _____.

(3) 若点 M 的坐标为 (x,y,z)，则向径 $\overrightarrow{OM}$ 用坐标可表示为 _____.

(4) 平行于向量 $a = (2,5,-6)$ 的单位向量为 _____.

(5) 已知两点 $A(0,1,2)$ 和 $B(1,-1,0)$，则用坐标表示向量 $\overrightarrow{AB} =$ _____，向量 $-3\overrightarrow{BA}$ 用坐标表示为 _____.

(6) 已知 $\triangle ABC$ 三顶点的坐标分别为 $A(0,0,2), B(8,0,0), C(0,8,6)$，则边 BC 上的中线长为 _____.

(7) 若 α, β, γ 为向量 a 的方向角，则 $\cos^2\alpha + \cos^2\beta + \cos^2\gamma =$ _____，$\sin^2\alpha + \sin^2\beta + \sin^2\gamma =$ _____.

2. 一边长为 a 的立方体放置在 xOy 面上，其下底面的中心在坐标原点，底面的顶点在 x 轴和 y 轴上，求它各顶点的坐标.

3. 求点 (x,y,z) 关于 (1) 各坐标面；(2) 各坐标轴；(3) 坐标原点对称的点的坐标.

4. 已知 $A(-1,2,-4)$, $B(6,-2,t)$, 且 $|AB|=9$, 求:(1)t;(2)线段 AB 的中点坐标.

5. 设 $A(2,-3,1)$, $B(x,1,2)$, $|AB|=5$, 求 x.

6. 设已知两点 $A(2,0,5)$ 和 $B(1,\sqrt{2},6)$, 计算向量 $\overrightarrow{AB}$ 的模、方向余弦和方向角.

7. 求 y 轴上与点 $A(-4,7,1)$ 和点 $B(3,-2,5)$ 等距离的点.

B 类题

1. 向量 $a=4i-4j+7k$ 的终点 B 的坐标为 $(2,-1,7)$, 求它的始点 A 的坐标, 并求 a 的模及其方向余弦.

2. 从点 $A(2,-1,7)$ 沿向量 $\boldsymbol{a}=8\boldsymbol{i}+9\boldsymbol{j}-12\boldsymbol{k}$ 的方向取线段 AB，其 $|AB|$ 长为 34，求点 B 的坐标．

3. 已知向量 $\boldsymbol{a}$ 与三个坐标轴成相等的锐角，求 $\boldsymbol{a}$ 的方向余弦．若 $|\boldsymbol{a}|=2$，求 $\boldsymbol{a}$．

4. 已知三点 A,B,C 的向径分别为 $\boldsymbol{r}_1=2\boldsymbol{i}+4\boldsymbol{j}-\boldsymbol{k},\boldsymbol{r}_2=3\boldsymbol{i}+7\boldsymbol{j}+3\boldsymbol{k},\boldsymbol{r}_3=4\boldsymbol{i}+10\boldsymbol{j}+7\boldsymbol{k}$．证明 A,B,C 在同一直线上．

第二节 数量积、向量积、混合积

掌握向量的数量积、向量积定义及运算性质．掌握数量积和向量积的坐标表示式．掌握两个向量垂直、平行的条件．

知识要点

1. 数量积的定义、性质及运算律，数量积的坐标表示，利用数量积求两向量的夹角，两个向量垂直、平行的条件；

2. 向量积的定义、性质及运算律，向量积的坐标表示．

例1 设 $\boldsymbol{a},\boldsymbol{b},\boldsymbol{c}$ 满足 $\boldsymbol{a}\perp\boldsymbol{b},(\widehat{\boldsymbol{a},\boldsymbol{c}})=\dfrac{\pi}{3},(\widehat{\boldsymbol{b},\boldsymbol{c}})=\dfrac{\pi}{6},|\boldsymbol{a}|=2,|\boldsymbol{b}|=|\boldsymbol{c}|=1$，求 $|\boldsymbol{a}+\boldsymbol{b}+\boldsymbol{c}|$．

分析 本题主要运用数量积运算的性质和运算律．

解 因为

$$|\boldsymbol{a}+\boldsymbol{b}+\boldsymbol{c}|^2=(\boldsymbol{a}+\boldsymbol{b}+\boldsymbol{c})\cdot(\boldsymbol{a}+\boldsymbol{b}+\boldsymbol{c})$$

$$= |a|^2 + |b|^2 + |c|^2 + 2a \cdot b + 2b \cdot c + 2a \cdot c$$

$$= |a|^2 + |b|^2 + |c|^2 + 2|a||b|\cos(\widehat{a,b}) +$$

$$2|b||c|\cos(\widehat{b,c}) + 2|a||c|\cos(\widehat{a,c})$$

$$= 2^2 + 1^2 + 1^2 + 4\cos\left(\frac{\pi}{2}\right) + 2\cos\left(\frac{\pi}{6}\right) + 4\cos\left(\frac{\pi}{3}\right) = 8 + \sqrt{3}$$

所以 $|a+b+c| = \sqrt{8+\sqrt{3}}$.

例 2 已知 $\overrightarrow{OA} = i + 3k$, $\overrightarrow{OB} = j + 3k$,求 $\triangle OAB$ 的面积.

分析 主要利用向量积的定义以及 $S_{\triangle OAB} = \frac{1}{2}|\overrightarrow{OA} \times \overrightarrow{OB}|$.

解 因为

$$\overrightarrow{OA} \times \overrightarrow{OB} = \begin{vmatrix} i & j & k \\ 1 & 0 & 3 \\ 0 & 1 & 3 \end{vmatrix} = -3i - 3j + k$$

所以 $|\overrightarrow{OA} \times \overrightarrow{OB}| = \sqrt{(-3)^2 + (-3)^2 + 1^2} = \sqrt{19}$,即 $S_{\triangle OAB} = \frac{1}{2}|\overrightarrow{OA} \times \overrightarrow{OB}| = \frac{1}{2}\sqrt{19}$.

A 类题

1.判断题

(1) $a \cdot a \cdot a = a^3$. ( )

(2) 当 $a \neq 0$ 时,$\frac{a}{a} = 1$. ( )

(3) $a(a \cdot b) = a^2 b$. ( )

(4) $(a \cdot b)^2 = a^2 \cdot b^2$. ( )

(5) $(a+b) \times (a-b) = a \times a - b \times b = 0$. ( )

(6) 若 $a \neq 0$,$a \cdot b = a \cdot c$,则 $b = c$. ( )

2.填空题

(1) 设 $a = 3i - 2j - k$,$b = 4i + 2j + k$,则 $a \cdot b = $ _____,$a \times b = $ _____,a,b 的夹角余弦为 _____.

(2) 设 $|a| = 2$,$|b| = 2\sqrt{3}$,$|a+b| = 2$,则 $(\widehat{a,b}) = $ _____.

(3) 已知 $a = (4,-5,3)$,$b = (1,-4,z)$,$|a+b| = |a-b|$,则 $z = $ _____.

(4) 已知 $(a \times b) \cdot c = 2$,则 $[(a+b) \times (b+c)] \cdot (c+a) = $ _____.

(5) 设向量 $a = (\lambda,-3,2)$ 与 $b = (1,2,-\lambda)$ 相互垂直,则 $\lambda = $ _____.

3.选择题

(1)对任意向量 a 与 b，下列表达式中错误的是( ).

(A) $|a|=|-a|$　　　　　　　　　(B) $|a|+|b|\geqslant |a+b|$

(C) $|a|\cdot|b|\geqslant a\cdot b|$　　　　　　(D) $|a|\cdot|b|\geqslant|a\times b|$.

(2)下列叙述中不是两个向量 a 与 b 平行的充要条件的是( ).

(A) a 与 b 的内积等于零　　　　(B) a 与 b 的外积等于零

(C) 对任意向量 c 有混合积 $[abc]=0$　(D) a 与 b 的坐标对应成比例

(3)设 a 和 b 为非零向量，若等式 $\dfrac{a}{|a|}=\dfrac{b}{|b|}$ 成立，则 a 和 b ( ).

(A) 相互垂直　　(B) 相互平行　　(C) $a=b$　　(D) $|a|=|b|$

(4)如果向量 a 和 b 共线，c 和 b 共线，则 a 和 c ( ).

(A) $a=c$　　　　　　　　　　　　(B) 一定共线

(C) 一定不共线　　　　　　　　　(D) 既可能共线，也可能不共线

(5)设非零向量 a 和 b 相互正交，λ 为任意的非零实数，则 $|a+\lambda b|$ 与 $|a|$ 的大小关系是( ).

(A) $|a+\lambda b|\leqslant|a|$　　　　　　(B) $|a+\lambda b|\geqslant|a|$

(C) 大小不定　　　　　　　　　　(D) 不能比较

4. 求与向量 $a=3i-j+k$ 平行，且满足方程 $a\cdot x=-22$ 的向量 x.

5. 已知 $|a|=1,|b|=4,|c|=5$，并且 $a+b+c=0$. 计算 $a\times b+b\times c+c\times a$.

6. 已知 $|a|=2,|b|=3,|c|=5,b\cdot c=7,|a+b+c|=8$，求 $|a-b-c|$.

7. 求向量 $u = 2i + 3j - k$ 在向量 $v = -3i - j + k$ 上的投影及分向量.

8. 求同时垂直于 $a = 2i - j - k, b = i + 2j - k$ 的单位向量.

B 类题

1. 利用向量证明勾股定理.

2. 设 a 是非零向量，已知 b 在与 a 平行且正向与 a 一致的数轴上投影为 p，求极限：
$\lim\limits_{x \to 0} \dfrac{|a+xb|-|a|}{x}$.

3. 已知三点 $M_1(2,2,1), M_2(1,1,1), M_3(2,1,2)$，
(1) 求 $\angle M_1M_2M_3$；
(2) 求与 $\overrightarrow{M_1M_2}, \overrightarrow{M_2M_3}$ 同时垂直的单位向量.

4.已知平行四边形以 $\boldsymbol{a}=\{2,1,-1\}, \boldsymbol{b}=\{1,-2,1\}$ 为两边,

(1)求它的边长和内角;

(2)求它的两对角线的长和夹角.

5.设 AD 为 $\triangle ABC$ 中 BC 边上的高,记 $\overrightarrow{BA}=\boldsymbol{c}, \overrightarrow{BC}=\boldsymbol{a}$,证明

$$S_{\triangle ABD} = \frac{|\boldsymbol{a}\cdot\boldsymbol{c}||\boldsymbol{a}\times\boldsymbol{c}|}{2|\boldsymbol{a}|^2}$$

C 类题

1. 设 $a \perp b$，沿着 a 正方向将 b 绕 a 右旋 θ 角得向量 c，试用 a, b 及 θ 表示 c.

2. 已知两个非零不垂直的向量 a 和 b，求证 $\tan(\widehat{a, b}) = \dfrac{|a \times b|}{a \cdot b}$.

3. 已知两个非零的向量 a 和 b，求证 $(a \times b)^2 \leqslant a^2 b^2$，并求等号成立的充分必要条件.

第二章　无穷级数(一)

第一节　数项级数的收敛与发散

理解常数项无穷级数的概念;掌握常数项无穷级数的基本性质;熟练掌握等比级数的敛散性.

1. 无穷级数收敛与发散的概念,收敛级数的基本性质,级数收敛的必要条件;
2. 几何级数(等比级数)的收敛条件及其收敛和的表示,调和级数的敛散性;
3. 级数收敛的柯西准则.

例1　讨论级数 $\sum\limits_{n=1}^{+\infty}(\sqrt{n+2}-2\sqrt{n+1}+\sqrt{n})$ 的敛散性.

解　级数的部分和为

$$S_n = \sum_{k=1}^{n}(\sqrt{k+2}-2\sqrt{k+1}+\sqrt{k})$$

$$= \sum_{k=1}^{n}[(\sqrt{k+2}-\sqrt{k+1})-(\sqrt{k+1}-\sqrt{k})]$$

$$= 1-\sqrt{2}+\sqrt{n+2}-\sqrt{n+1} = 1-\sqrt{2}+\frac{1}{\sqrt{n+2}+\sqrt{n+1}}$$

则 $\lim\limits_{n\to+\infty} S_n = 1-\sqrt{2}$,故原级数收敛,其和为 $1-\sqrt{2}$.

例2　下列命题是否正确?若不正确,请举反例;若正确,请给出证明.

(1) 数列 $\{u_n\}$ 与级数 $\sum\limits_{n=1}^{+\infty} u_n$ 收敛或同时发散;

(2) 若级数 $\sum\limits_{n=1}^{+\infty} u_n$, $\sum\limits_{n=1}^{+\infty} v_n$ 收敛,其中 $v_n \neq 0$ 则 $\sum\limits_{n=1}^{+\infty} \dfrac{u_n}{v_n}$ 收敛.

解　(1)命题不对.

例如：数列 $\left\{\dfrac{1}{n}\right\}$ 是收敛的，但级数 $\sum\limits_{n=1}^{+\infty}\dfrac{1}{n}$ 是发散的.

(2)命题不对.

例如：$\sum\limits_{n=1}^{+\infty}\dfrac{1}{2^n}$ 和 $\sum\limits_{n=1}^{+\infty}\dfrac{1}{2^n}$ 是收敛的，但级数 $\sum\limits_{n=1}^{+\infty}\dfrac{\frac{1}{2^n}}{\frac{1}{2^n}}=\sum\limits_{n=1}^{+\infty}1$ 是发散的.

A 类题

1. 回答下列问题：

(1) 数项级数的部分和是什么？

(2) 数项级数的收敛与发散怎样定义？

(3) 若级数为 $\sum\limits_{n=1}^{+\infty}a_n$，则其中部分和 $S_n=\sum\limits_{k=1}^{n}a_k(n=1,2,\cdots)$ 是一个数列；反过来，如何用 S_n 把原来的级数表示出来.

(4) 一般项 $a_n\to 0(n\to+\infty)$ 是不是级数 $\sum\limits_{n=1}^{+\infty}a_n$ 收敛的充分条件？若不是，举例说明.

2. 判定下列级数的收敛性：

(1) $\sum_{n=1}^{+\infty} \dfrac{1}{4n^2-1}$；

(2) $-\dfrac{8}{9}+\dfrac{8^2}{9^2}-\dfrac{8^3}{9^3}+\cdots+(-1)^n\dfrac{8^n}{9^n}+\cdots$；

(3) $\dfrac{1}{3}+\dfrac{1}{\sqrt{3}}+\dfrac{1}{\sqrt[3]{3}}+\cdots+\dfrac{1}{\sqrt[n]{3}}+\cdots$；

(4) $\left(\dfrac{1}{2}+\dfrac{1}{3}\right)+\left(\dfrac{1}{2^2}+\dfrac{1}{3^2}\right)+\left(\dfrac{1}{2^3}+\dfrac{1}{3^3}\right)+\cdots+\left(\dfrac{1}{2^n}+\dfrac{1}{3^n}\right)+\cdots$；

(5) $\sin\dfrac{\pi}{6}+\sin\dfrac{2\pi}{6}+\cdots+\sin\dfrac{n\pi}{6}+\cdots$.

3. 证明：若 $\sum\limits_{n=1}^{+\infty} a_n$ 收敛，但 $\sum\limits_{n=1}^{+\infty} b_n$ 发散，则 $\sum\limits_{n=1}^{+\infty} (a_n + b_n)$ 发散.

4. 如果 $\sum\limits_{n=1}^{+\infty} a_n$ 与 $\sum\limits_{n=1}^{+\infty} b_n$ 都发散，试问 $\sum\limits_{n=1}^{+\infty} (a_n + b_n)$ 一定发散吗？如果这里的 a_n，$b_n (n = 1, 2, \cdots)$ 都是非负数，则能得出什么结论？

B 类题

1. 求下列级数的和：

(1) $\sum\limits_{n=1}^{+\infty} \dfrac{(-1)^{n-1}}{n(n+2)}$；

(2) $\sum\limits_{n=1}^{+\infty} \arctan \dfrac{1}{2n^2}$.

2. 利用 Cauchy 收敛准则判别下列级数的收敛性：

(1) $\dfrac{\sin x}{2} + \dfrac{\sin 2x}{2^2} + \cdots + \dfrac{\sin nx}{2^n} + \cdots$；

(2) $1 + \dfrac{1}{2} - \dfrac{1}{3} + \dfrac{1}{4} + \dfrac{1}{5} - \dfrac{1}{6} + \cdots$.

第二节　正项级数

了解正项级数收敛的充要条件；掌握正项级数敛散性的判别法；熟练掌握 p－级数的敛散性.

1. 正项级数收敛的充要条件；
2. 正项级数的比较判别法及其极限形式；
3. 正项级数的比值判别法、根值判别法和积分判别法.

例 1　设 $\{u_n\}$，$\{c_n\}$ 为正项数列，证明对任意自然数 n，满足 $u_n c_n - u_{n+1} c_{n+1} \leqslant 0$ 且 $\sum\limits_{n=1}^{+\infty} \dfrac{1}{c_n}$ 发散，则 $\sum\limits_{n=1}^{+\infty} u_n$ 也发散.

分析　要从 $\sum\limits_{n=1}^{+\infty} \dfrac{1}{c_n}$ 发散推出 $\sum\limits_{n=1}^{+\infty} u_n$ 也发散，只需证明 $u_n \geqslant \dfrac{k}{c_n}$，其中 k 为大于零的常数.

证明　由 $u_n c_n - u_{n+1} c_{n+1} \leqslant 0$，得
$$u_{n+1} c_{n+1} \geqslant u_n c_n \geqslant u_{n-1} c_{n-1} \geqslant \cdots \geqslant u_1 c_1$$
故 $u_n \geqslant \dfrac{u_1 c_1}{c_n} = \dfrac{k}{c_n}$，由比较判别法可知 $\sum\limits_{n=1}^{+\infty} u_n$ 也发散.

例 2　判断级数 $\sum\limits_{n=1}^{+\infty} \left(\dfrac{1}{n} - \ln \dfrac{n+1}{n} \right)$ 的敛散性.

分析　判别级数的敛散性时应该首先确定级数的类型.根据判断这个级数为正项级数.

解　$u_n = \dfrac{1}{n} - \ln \dfrac{n+1}{n} = \dfrac{1}{n} - \left[\dfrac{1}{n} - \dfrac{1}{2n^2} + O\left(\dfrac{1}{n^2}\right) \right] = \dfrac{1}{2n^2} + O\left(\dfrac{1}{n^2}\right) \sim \dfrac{1}{2n^2}$

故 u_n 是 $\dfrac{1}{n}$ 的二阶无穷小，故级数 $\sum\limits_{n=1}^{+\infty} \left(\dfrac{1}{n} - \ln \dfrac{n+1}{n} \right)$ 收敛.

A 类题

1. 回答下列问题：

(1) 什么叫正项级数？它的部分和数列有什么特点？

(2) p-级数在什么条件下收敛？在什么条件下发散？

(3) 设 $a_n \leqslant b_n$，如果 $\sum\limits_{n=1}^{+\infty} b_n$ 收敛，能否断言 $\sum\limits_{n=1}^{+\infty} a_n$ 也收敛？试举例说明.

(4) 设 $a_n \geqslant 0$，且数列 $\{na_n\}$ 有界，级数 $\sum\limits_{n=1}^{+\infty} a_n^2$ 收敛吗？

2. 用比较判别法讨论下列级数的敛散性：

(1) $\sum\limits_{n=1}^{+\infty} \dfrac{1}{n^2+3}$;

(2) $\sum\limits_{n=1}^{+\infty} 2^n \sin \dfrac{\pi}{3^n}$;

(3) $\sum\limits_{n=1}^{+\infty} \dfrac{1}{\sqrt{n^2+1}}$;

(4) $\sum\limits_{n=1}^{+\infty} \dfrac{1}{n \cdot 2^n}$.

3. 用比较判别法的极限形式讨论下列级数的敛散性：

(1) $\sum_{n=1}^{+\infty} \dfrac{5n+1}{n^2(n+2)}$;

(2) $\sum_{n=1}^{+\infty} \dfrac{2^n+n}{3^n}$;

(3) $\sum_{n=1}^{+\infty} \left(1-\cos\dfrac{1}{n}\right)$;

(4) $\sum_{n=1}^{+\infty} \dfrac{\left(1+\dfrac{1}{n}\right)^n}{n^2}$;

(5) $\sum_{n=1}^{+\infty} \dfrac{1}{1+a^n}$ $(a>0)$;

(6) $\sum_{n=1}^{+\infty} \dfrac{1}{n\sqrt[n]{n}}$.

4. 用比值法判别法讨论下列级数的敛散性：

(1) $\sum_{n=1}^{+\infty} np^n$ $(0<p<1)$;

(2) $\sum_{n=1}^{+\infty} \dfrac{x^n}{n!}$ $(x>0)$;

(3) $\sum_{n=1}^{+\infty} \dfrac{n^2}{n!}$;

(4) $\sum_{n=1}^{+\infty} \dfrac{n!}{n^n}$;

(5) $\sum_{n=1}^{+\infty} \dfrac{2^n n!}{n^n}$;

(6) $\sum_{n=1}^{+\infty} \dfrac{3^n n!}{n^n}$.

5. 用根值判别法讨论下列级数的敛散性：

(1) $\sum\limits_{n=1}^{+\infty} \dfrac{1}{n^n}$；

(2) $\sum\limits_{n=1}^{+\infty} \dfrac{2^n}{(n+1)^n}$；

(3) $\sum\limits_{n=1}^{+\infty} \dfrac{5^n}{n^{n+1}}$；

(4) $\sum\limits_{n=1}^{+\infty} \dfrac{n^2}{\left(n+\dfrac{1}{n}\right)^n}$.

B 类题

1. 讨论下列级数的敛散性：

(1) $\sum\limits_{n=1}^{+\infty} n\left(\dfrac{3}{4}\right)^n$；

(2) $\sum\limits_{n=1}^{+\infty} \dfrac{1+\cos n}{n^2}$；

(3) $\sum\limits_{n=2}^{+\infty} \dfrac{1}{(\ln n)^k}$；

(4) $\sum\limits_{n=2}^{+\infty} \dfrac{1}{n(\ln n)^2}$；

(5) $\sum\limits_{n=1}^{+\infty} \dfrac{(n!)^2}{2^{n^2}}$；

(6) $\sum\limits_{n=1}^{+\infty} \sqrt{\dfrac{1+n}{n}}$；

(7) $\sum_{n=1}^{+\infty} \dfrac{1}{n^{\ln n}}$;

(8) $\sum_{n=2}^{+\infty} \dfrac{1}{(\ln n)^{\ln n}}$;

(9) $\sum_{n=1}^{+\infty} \dfrac{a^n}{1+a^{2n}}$, a 为非负实数;

(10) $\sum_{n=1}^{+\infty} \left(\dfrac{b}{a_n}\right)^n$, 其中 $a_n \to a (n \to +\infty)$, a_n, a, b 均为正数.

2. 若正项级数 $\sum_{n=1}^{+\infty} a_n$ 收敛, 证明 $\sum_{n=1}^{+\infty} a_n^2$ 也收敛; 但反之不然, 举例说明.

3. 若级数 $\sum_{n=1}^{+\infty} a_n^2$ 与 $\sum_{n=1}^{+\infty} b_n^2$ 都收敛, 证明 $\sum_{n=1}^{+\infty} |a_n b_n|$, $\sum_{n=1}^{+\infty} (a_n+b_n)^2$ 也收敛.

4. 设数列 $\{na_n\}$ 收敛, 级数 $\sum\limits_{n=2}^{+\infty} n(a_n - a_{n-1})$ 收敛, 证明级数 $\sum\limits_{n=1}^{+\infty} a_n$ 收敛.

5. 设正项级数 $\sum\limits_{n=1}^{+\infty} a_n$ 收敛, 证明正项级数 $\sum\limits_{n=1}^{+\infty} \dfrac{\sqrt{a_n}}{n}$ 也收敛.

第三节　一般级数

掌握莱布尼兹判别法; 理解绝对收敛与条件收敛的概念.

1. 交错级数的莱布尼兹判别法;
2. 级数绝对收敛和条件收敛的概念;
3. 绝对收敛级数的性质.

例 1　设正项数列 $\{a_n\}$ 单调减少, 且 $\sum\limits_{n=1}^{+\infty} (-1)^n a_n$ 发散, 试问 $\sum\limits_{n=1}^{+\infty} \left(\dfrac{1}{a_n+1} \right)^n$ 是否收敛? 并说明理由.

分析　$\sum\limits_{n=1}^{+\infty} \left(\dfrac{1}{a_n+1} \right)^n$ 为正项级数, 由通项表达式可用根值判别法.

解　由于数列 $\{a_n\}$ 单调减少又 $a_n > 0$, 可知其极限 $\lim\limits_{n \to +\infty} a_n$ 存在, 记为 a. 由极限的保

号性定理知 $a \geqslant 0$. 若 $a=0$，则由莱布尼兹判别法知道 $\sum\limits_{n=1}^{+\infty}(-1)^n a_n$ 必收敛，这与已知 $\sum\limits_{n=1}^{+\infty}(-1)^n a_n$ 发散矛盾，故 $a>0$. 于是

$$\lim_{n\to+\infty}\sqrt[n]{\left(\frac{1}{a_n+1}\right)^n}=\lim_{n\to+\infty}\frac{1}{a_n+1}=\frac{1}{a+1}<1$$

由根值判别法知，$\sum\limits_{n=1}^{+\infty}\left(\frac{1}{a_n+1}\right)^n$ 收敛.

例 2 若 $\sum\limits_{n=1}^{+\infty}u_n^2$ 收敛，证明 $\sum\limits_{n=1}^{+\infty}\frac{u_n}{n}$ 收敛.

证明 因为 $\left|\frac{u_n}{n}\right|\leqslant\frac{u_n^2+\frac{1}{n^2}}{2}$，而 $\sum\limits_{n=1}^{+\infty}\frac{u_n^2+\frac{1}{n^2}}{2}=\frac{1}{2}\left(\sum\limits_{n=1}^{+\infty}u_n^2+\sum\limits_{n=1}^{+\infty}\frac{1}{n^2}\right)$ 收敛，由比较判别法知 $\sum\limits_{n=1}^{+\infty}\left|\frac{u_n}{n}\right|$ 收敛，从而 $\sum\limits_{n=1}^{+\infty}\frac{u_n}{n}$ 收敛.

A 类题

1. 回答问题：

(1) 什么是交错级数？

(2) 什么是级数的绝对收敛和条件收敛？

(3) 两级数的乘积是怎样定义的？在什么条件下两级数的乘积级数必定收敛？

2. 下列是非题，对的给出证明，错的举出反例：

(1) 若 $a_n>0$，则 $a_1-a_1+a_2-a_2+a_3-a_3+\cdots$ 收敛；

(2)若 $\sum\limits_{n=1}^{+\infty} a_n$ 收敛，则 $\sum\limits_{n=1}^{+\infty} (-1)^n a_n$ 也收敛；

(3)若 $\sum\limits_{n=1}^{+\infty} a_n^2$ 收敛，则 $\sum\limits_{n=1}^{+\infty} a_n^3$ 绝对收敛；

(4)若 $\sum\limits_{n=1}^{+\infty} a_n$ 收敛，则 $\sum\limits_{n=1}^{+\infty} a_n^2$ 收敛；

(5)若 $\sum\limits_{n=1}^{+\infty} a_n$ 不收敛，则 $\sum\limits_{n=1}^{+\infty} a_n$ 不绝对收敛；

(6)绝对收敛级数也条件收敛；

(7)若 $\sum\limits_{n=1}^{+\infty} a_n$ 不是条件收敛，则 $\sum\limits_{n=1}^{+\infty} a_n$ 发散；

(8) 若 $\sum\limits_{n=1}^{+\infty} a_n$ 收敛，且 $\lim\limits_{n\to+\infty}\dfrac{b_n}{a_n}=1$，则 $\sum\limits_{n=1}^{+\infty} b_n$ 也收敛.

3. 讨论下列级数的敛散性（包括绝对收敛、条件收敛、发散）：

(1) $\sum\limits_{n=1}^{+\infty}(-1)^{n-1}\dfrac{1}{\sqrt{n}}$；

(2) $\sum\limits_{n=1}^{+\infty}(-1)^{n-1}\dfrac{1}{3^n}$；

(3) $\sum\limits_{n=1}^{+\infty}(-1)^{n-1}\dfrac{1}{n(n+1)}$；

(4) $\sum\limits_{n=1}^{+\infty}(-1)^{n-1}\dfrac{1}{2n-1}$；

(5) $\sum\limits_{n=1}^{+\infty}(-1)^{n-1}\dfrac{1}{\ln n}$；

(6) $\sum\limits_{n=1}^{+\infty}(-1)^{n-1}\dfrac{\ln n}{\sqrt{n}}$.

4. 证明:若级数 $\sum\limits_{n=1}^{+\infty}a_n$ 及 $\sum\limits_{n=1}^{+\infty}b_n$ 皆收敛,且 $a_n\leqslant c_n\leqslant b_n(n=1,2,\cdots)$. 则 $\sum\limits_{n=1}^{+\infty}c_n$ 也收敛. 若级数 $\sum\limits_{n=1}^{+\infty}a_n$ 及 $\sum\limits_{n=1}^{+\infty}b_n$ 皆发散,试问级数 $\sum\limits_{n=1}^{+\infty}c_n$ 的收敛性如何?

5. 已知级数 $\sum\limits_{n=1}^{+\infty}a_n^2$ 与 $\sum\limits_{n=1}^{+\infty}b_n^2$ 皆收敛,证明级数 $\sum\limits_{n=1}^{+\infty}a_nb_n$ 绝对收敛.

6. 设常数 $k>0$,讨论级数 $\sum\limits_{n=1}^{+\infty}(-1)^n\dfrac{k+n}{n^2}$ 的敛散性(包括绝对收敛与条件收敛).

B 类题

1. 若级数 $\sum\limits_{n=1}^{+\infty} a_n$ 收敛,并且 $\lim\limits_{n\to+\infty}\dfrac{b_n}{a_n}=1$,能否断定 $\sum\limits_{n=1}^{+\infty} b_n$ 也收敛?研究 $\sum\limits_{n=1}^{+\infty}\dfrac{(-1)^n}{\sqrt{n}}$ 和 $\sum\limits_{n=1}^{+\infty}\left[\dfrac{(-1)^n}{\sqrt{n}}+\dfrac{1}{n}\right]$ 的敛散性.

2. 设 $\lim\limits_{n\to+\infty} n^p u_n = A$,证明:

(1) 当 $p>1$ 时,级数 $\sum\limits_{n=1}^{+\infty} u_n$ 绝对收敛;

(2) 当 $p=1$,且 $A\neq 0$ 时,级数 $\sum\limits_{n=1}^{+\infty} u_n$ 发散;

(3) 问当 $p=1$ 且 $A=0$ 时,级数 $\sum\limits_{n=1}^{+\infty} u_n$ 能否收敛?

第四节　函数项级数的基本概念

理解函数项级数以及函数项级数的收敛域、发散域、和函数及其一致收敛的概念；掌握函数项级数收敛于和函数的充要条件和函数项级数一致收敛于和函数的定义；掌握函数项级数一致收敛的准则和维尔斯特拉斯 M 判别法；掌握一致收敛级数的和函数的性质.

1. 函数列收敛和一致收敛的概念；
2. 函数项级数收敛和一致收敛的概念；
3. 函数项级数一致收敛性的维尔斯特拉斯 M 判别法；
4. 一致收敛函数项级数的性质.

例 1　设 $u_1(x)$ 在 $[a,b]$ 上可积，$u_{n+1}(x) = \int_a^x u_n(x)\mathrm{d}x\,(n=1,2,\cdots)$，证明函数项级数 $\sum\limits_{n=1}^{+\infty} u_n(x)$ 在 $[a,b]$ 上一致收敛.

证明　因为 $u_1(x)$ 在 $[a,b]$ 上可积，故 $u_1(x)$ 在 $[a,b]$ 上有界，即 $\exists M>0$ 使得 $|u_1(x)| \leqslant M$. 于是有 $|u_2(x)| \leqslant M(x-a)$，$|u_3(x)| \leqslant \int_a^x |u_2(x)|\mathrm{d}x \leqslant \dfrac{M}{2!}(x-a)^2$，利用数学归纳法知，若 $|u_n(x)| \leqslant \dfrac{M}{(n-1)!}(x-a)^{n-1}$，则

$$|u_{n+1}(x)| \leqslant \int_a^x |u_n(x)|\mathrm{d}x \leqslant \dfrac{M}{n!}(x-a)^n \leqslant \dfrac{M}{n!}(b-a)^n$$

因为数项级数 $\sum\limits_{n=1}^{+\infty} \dfrac{M}{n!}(b-a)^n$ 收敛，所以由维尔斯特拉斯 M 判别法知，$\sum\limits_{n=1}^{+\infty} u_n(x)$ 在 $[a,b]$ 上一致收敛.

例 2　求函数项级数

$$\dfrac{1}{x} + \left(\dfrac{1}{x^2} - \dfrac{1}{x}\right) + \left(\dfrac{1}{x^3} - \dfrac{1}{x^2}\right) + \cdots + \left(\dfrac{1}{x^n} - \dfrac{1}{x^{n-1}}\right) + \cdots$$

的收敛域.

分析　判别一个函数项级数是否收敛，也可以利用函数项级数的收敛定义，即看其前 n 项和组成的数列是否有极限.

解

$$S_n(x) = \frac{1}{x} + \left(\frac{1}{x^2} - \frac{1}{x}\right) + \left(\frac{1}{x^3} - \frac{1}{x^2}\right) + \cdots + \left(\frac{1}{x^n} - \frac{1}{x^{n-1}}\right) = \frac{1}{x^n}$$

由此可知,函数项级数在 $(-\infty, -1) \cup [1, +\infty)$ 上收敛,收敛域为 $(-\infty, -1) \cup [1, +\infty)$,和函数为

$$S(x) = \lim_{n \to +\infty} S_n(x) = \begin{cases} 0, & |x| > 1, \\ 1, & x = 1. \end{cases}$$

由题可知,虽然 $u_n(x)$ 在 $x \neq 0$ 连续,但和函数 $S(x)$ 在 $x = 0$ 无定义,且在 $x = 1$ 处间断.

A 类题

1. 回答下列问题:

(1) 什么叫级数 $\sum\limits_{n=1}^{+\infty} u_n(x)$ 的收敛域和发散域?

(2) 级数 $\sum\limits_{n=1}^{+\infty} u_n(x)$ 在区间 I 上一致收敛于 $S(x)$ 是怎样定义的?

(3) 一致收敛的级数有哪些重要的性质?

2. 试利用维尔斯特拉斯 M 判别法证明下列级数在指定区间上的一致收敛性:

(1) $\sum\limits_{n=1}^{+\infty} \dfrac{\cos nx}{2^n}, -\infty < x < +\infty$;

(2) $\sum\limits_{n=1}^{+\infty} \dfrac{\sin nx}{n^2}, -\infty < x < +\infty$;

(3) $\sum_{n=1}^{+\infty} \dfrac{x^n}{n^{3/2}}, x \in [-1,1]$;

(4) $\sum_{n=1}^{+\infty} \dfrac{(-1)^n(1-e^{-nx})}{n^2+x^2}, 0 \leqslant x < +\infty$.

3. 按定义讨论下列级数在指定区间上的一致收敛性：

(1) $\sum_{n=1}^{+\infty} (-1)^{n-1} \dfrac{x^2}{(1+x^2)^n}, -\infty < x < +\infty$;

(2) $\sum_{n=1}^{+\infty} (1-x)x^n, 0 < x < 1$.

B 类题

1. 证明级数 $\sum_{n=1}^{+\infty} x^2 e^{-nx}$ 在 $[0,+\infty)$ 上一致收敛.

2.证明:

(1)如果级数 $\sum_{n=1}^{+\infty}|u_n(x)|$ 在 $[a,b]$ 上一致收敛,则级数 $\sum_{n=1}^{+\infty}u_n(x)$ 在 $[a,b]$ 上也一致收敛;

(2)如果 $\sum_{n=1}^{+\infty}u_n(x)$ 在 $[a,b]$ 上一致收敛,但 $\sum_{n=1}^{+\infty}|u_n(x)|$ 未必一致收敛. 试以 $\sum_{n=1}^{+\infty}(-1)^n(x^n-x^{n+1})$, $0\leqslant x\leqslant 1$ 为例来说明.

第三章 多元函数的微分学(一)

第一节 多元函数的极限与连续

了解多元函数的基本概念、多元函数极限和连续的基本问题,会判断多元函数的极限是否存在,能进行简单的多元函数的极限运算,会判定多元函数特别是二元函数的连续性.

1. 多元函数的定义、定义域及对应规律;
2. 多元函数判断极限不存在及求极限的方法;
3. 多元函数的连续性及其性质,熟练掌握二元函数的连续和间断的判别.

例 1 求极限 $\lim\limits_{\substack{x\to 0\\y\to 0}}\dfrac{(y-x)x}{\sqrt{x^2+y^2}}$.

解 令 $x=r\cos\theta, y=r\sin\theta (r>0; 0\leqslant\theta\leqslant 2\pi)$.
则 $(x,y)\to(0,0)$ 等价于 $r\to 0$.

$$0\leqslant\left|\dfrac{(y-x)x}{\sqrt{x^2+y^2}}\right|=\dfrac{r^2\mid(\sin\theta-\cos\theta)\cos\theta\mid}{r}$$
$$=r\mid(\sin\theta-\cos\theta)\cos\theta\mid\leqslant 2r$$

故 $\lim\limits_{\substack{x\to 0\\y\to 0}}\dfrac{(y-x)x}{\sqrt{x^2+y^2}}=0$.

例 2 说明极限 $\lim\limits_{\substack{x\to 0\\y\to 0}}\dfrac{x^3 y}{x^6+y^2}$ 不存在.

解 当点 $P(x,y)$ 沿曲线 $y=kx^3$ 趋于点 $(0,0)$ 时,有

$$\lim\limits_{\substack{(x,y)\to(0,0)\\y=kx^3}}\dfrac{x^3 y}{x^6+y^2}=\lim\limits_{x\to 0}\dfrac{kx^6}{(k^2+1)x^6}=\dfrac{k}{k^2+1}.$$

显然,此时的极限值随 k 的变化而变化,因此,函数 $f(x,y)$ 在 $(0,0)$ 处的极限不存在.

本例小结:证明判断二元函数 $f(x,y)$ 在 $(x,y) \to (0,0)$ 时二重极限不存在的方法:

1)当动点 (x,y) 沿着直线 $y=mx$ 而趋于定点 $(0,0)$ 时,若 $\lim\limits_{\substack{(x,y)\to(0,0)\\y=mx}} f(x,y)$ 值与 m 有关,则二重极限 $\lim\limits_{(x,y)\to(0,0)} f(x,y)$ 不存在.

2)令 $x=r\cos\theta, y=r\sin\theta$, $\lim\limits_{r\to 0} f(r\cos\theta, r\sin\theta)$ 与 θ 有关,则二重极限 $\lim\limits_{(x,y)\to(0,0)} f(x,y)$ 不存在.

注意:若 $\lim\limits_{r\to 0} f(r\cos\theta, r\sin\theta)$ 与 θ 无关,则二重极限 $\lim\limits_{(x,y)\to(0,0)} f(x,y)$ 存在.

3)找自变量的两种变化趋势,使两种趋势下极限不同.

4)证明两个累次极限存在但不相等.

例如,当动点 (x,y) 沿着直线 $y=mx$ 趋于定点 $(0,0)$ 时,若 $\lim\limits_{\substack{(x,y)\to(0,0)\\y=mx}} f(x,y)$ 值与 m 无关,能说明二重极限 $\lim\limits_{(x,y)\to(0,0)} f(x,y)$ 存在吗?

答:不能,因为所谓二元函数存在极限,是指 (x,y) 以任何方式趋于 $(0,0)$ 时,函数 $f(x,y)$ 都无限接近于同一个常数,动点 (x,y) 沿着直线 $y=mx$ 趋于定点 $(0,0)$ 这只是一种方式,还有其他方式,比如上例中 $y=kx^3$.

例 3 讨论二元函数 $f(x,y)=\begin{cases} \dfrac{x^{\alpha}}{x^2+y^2} & (x,y)\neq(0,0) \\ 0 & (x,y)=(0,0) \end{cases}$ 在 $(0,0)$ 点的连续性.

解 令 $x=r\cos\theta, y=r\sin\theta$, $\lim\limits_{(x,y)\to(0,0)} \dfrac{x^{\alpha}}{x^2+y^2} = \lim\limits_{r\to 0} \dfrac{r^{\alpha}\cos^{\alpha}\theta}{r^2}$

当 $\alpha>2$,根据无穷小量乘有界变量为无穷小量知 $\lim\limits_{(x,y)\to(0,0)} \dfrac{x^{\alpha}}{x^2+y^2}=0=f(0,0)$,因此 $f(x,y)$ 在 $(0,0)$ 点连续;

当 $\alpha=2$,由极限值与 θ 有关,二重极限不存在,因此 $f(x,y)$ 在 $(0,0)$ 点不连续;

当 $\alpha<2$,由 $\lim\limits_{r\to 0} \dfrac{r^{\alpha}\cos^{\alpha}\theta}{r^2}$ 不存在,则二重极限不存在,因此 $f(x,y)$ 在 $(0,0)$ 点不连续.

A 类题

1.填空题

(1)设函数 $f(x,y)=\dfrac{xy}{x+y}$,则 $f(x+y,x-y)=$ _____.

(2) $\lim\limits_{\substack{x\to 0\\y\to 0}}(xy+x-y)=$ _____.

(3)若 $f(x,y)=\dfrac{xy}{x^2+y^2}$,则 $f\left(1,\dfrac{y}{x}\right)=$ _____.

2. 选择题

(1) 函数 $z=f(x,y)$ 在点 $P_0(x_0,y_0)$ 间断,则( ).

(A) 函数在点 P_0 处一定无定义

(B) 函数在点 P_0 处极限一定不存在

(C) 函数在点 P_0 处可能有定义,也可能有极限

(D) 函数在点 P_0 处有定义,也有极限,但极限值不等于该点的函数值

(2) 设函数 $f(x,y)=\begin{cases}\dfrac{xy}{\sqrt{x^2+y^2}}, & x^2+y^2\neq 0 \\ 0, & x^2+y^2=0\end{cases}$,则 $f(x,y)$ ( ).

(A) 处处连续 (B) 处处有极限,但不连续

(C) 仅在 $(0,0)$ 点连续 (D) 除 $(0,0)$ 点外处处连续

(3) 函数 $z=\arcsin\dfrac{1}{x^2+y^2}+\sqrt{1-x^2-y^2}$ 的定义域为( ).

(A) 空集 (B) 圆域 (C) 圆周 (D) 一个点

3. 求下列二元函数的定义域,并绘出定义域的图形:

(1) $z=\sqrt{1-x^2-y^2}$;

(2) $z=\ln(x+y)$;

(3) $z=\dfrac{1}{\ln(x+y)}$;

(4) $z=\ln(xy-1)$.

4. 若 $f(\dfrac{y}{x}) = \dfrac{\sqrt{x^2+y^2}}{x}$ $(x>0)$,求 $f(x)$.

B 类题

1. 求下列极限:

(1) $\lim\limits_{\substack{x \to 0 \\ y \to 0}} \dfrac{\sqrt{xy+1}-1}{xy}$;

(2) $\lim\limits_{\substack{x \to 0 \\ y \to 0}} (x+y)\sin\dfrac{1}{x}\sin\dfrac{1}{y}$;

(3) $\lim\limits_{\substack{x \to 0 \\ y \to 0}} (x^2+y^2)^{xy}$.

2. 证明下列极限不存在:

(1) $\lim\limits_{\substack{x \to 0 \\ y \to 0}} \dfrac{x^2 y}{x^4+y^4}$;

(2) $\lim\limits_{\substack{x \to 0 \\ y \to 0}} \dfrac{x^3+y^3}{x^2+y}$.

第二节 偏导数和全微分

了解偏导数的概念与计算,了解多元函数全微分的概念,掌握二元函数可微性与连续性、偏导数存在性的关系.

1. 偏导数的定义和计算;
2. 二元函数偏导数的几何意义;
3. 二元函数全微分的定义;
4. 二元函数可微的必要条件和充分条件;
5. 二元函数可微性与连续性、偏导数存在的关系.

例 1 设 $f(x,y)=e^{\sqrt{x^2+y^4}}$,证明 $f_x(0,0)$ 不存在,$f_y(0,0)$ 存在.

证明 $f_x(0,0)=\lim\limits_{x\to 0}\dfrac{e^{\sqrt{x^2+0^4}}-1}{x-0}=\lim\limits_{x\to 0}\dfrac{e^{|x|}-1}{x-0}$,因为 $\lim\limits_{x\to 0^+}\dfrac{e^{|x|}-1}{x-0}=\lim\limits_{x\to 0^+}\dfrac{e^x-1}{x-0}=1$,

$\lim\limits_{x\to 0^-}\dfrac{e^{-x}-1}{x-0}=-1$,故 $\lim\limits_{x\to 0^+}\dfrac{e^{|x|}-1}{x-0}\neq\lim\limits_{x\to 0^-}\dfrac{e^{-x}-1}{x-0}$,所以 $f_x(0,0)$ 不存在.

$f_y(0,0)=\lim\limits_{y\to 0}\dfrac{e^{\sqrt{0^2+y^4}}-1}{y-0}=\lim\limits_{y\to 0}\dfrac{e^{y^2}-1}{y-0}=\lim\limits_{y\to 0}\dfrac{y^2}{y}=0$,

所以 $f_y(0,0)$ 存在.

例 2 设 $\lim\limits_{(x,y)\to(0,0)}\dfrac{f(x,y)+3x-4y}{x^2+y^2}=2$,求 $2f_x(0,0)+f_y(0,0)$.

分析 为了利用偏导数的定义求出 $f_x(0,0)$ 和 $f_y(0,0)$,需要写出函数的表达式,为此要想到利用结论:$\lim\limits_{P\to P_0}f(P)=A \Leftrightarrow f(P)=A+\alpha$,其中 $\lim\limits_{P\to P_0}\alpha=0$.

解 因 $\lim\limits_{(x,y)\to(0,0)}\dfrac{f(x,y)+3x-4y}{x^2+y^2}=2$,

故 $\dfrac{f(x,y)+3x-4y}{x^2+y^2}=2+\alpha$,其中 $\lim\limits_{(x,y)\to(0,0)}\alpha=0$,

从而 $f(x,y)=-3x+4y+2(x^2+y^2)+\alpha(x^2+y^2)$,

$f_x(0,0)=\lim\limits_{x\to 0}\dfrac{f(0+x,0)-f(0,0)}{x-0}=\lim\limits_{x\to 0}\dfrac{-3x+2x^2+\alpha x^2-0}{x}=-3$

$f_y(0,0)=\lim\limits_{y\to 0}\dfrac{f(0,0+y)-f(0,0)}{y-0}=\lim\limits_{y\to 0}\dfrac{4y+2y^2+\alpha(y^2)-0}{y}=4$

故 $2f_x(0,0)+f_y(0,0)=-6+4=-2$.

例 3 设 $f(x,y)=\begin{cases} \dfrac{x^2y^2}{(x^2+y^2)^{3/2}}, & x^2+y^2\neq 0, \\ 0, & x^2+y^2=0, \end{cases}$ 证明 $f(x,y)$ 在点 $(0,0)$ 处连续且偏导数存在,但不可微.

证明 因为 $0\leqslant \dfrac{x^2y^2}{(x^2+y^2)^{3/2}}\leqslant \dfrac{(x^2+y^2)^2}{(x^2+y^2)^{3/2}}=\sqrt{x^2+y^2}$,且 $\lim\limits_{(x,y)\to(0,0)}\sqrt{x^2+y^2}=0$,

所以 $\lim\limits_{(x,y)\to(0,0)}f(x,y)=0=f(0,0)$,即 $f(x,y)$ 在点 $(0,0)$ 处连续.

因为 $f_x(0,0)=\lim\limits_{\Delta x\to 0}\dfrac{f(0+\Delta x,0)-f(0,0)}{\Delta x}=\lim\limits_{\Delta x\to 0}\dfrac{0}{\Delta x}=0$,

$f_y(0,0)=\lim\limits_{\Delta y\to 0}\dfrac{f(0,0+\Delta y)-f(0,0)}{\Delta x}=\lim\limits_{\Delta y\to 0}\dfrac{0}{\Delta y}=0$,

所以 $f(x,y)$ 在点 $(0,0)$ 处的偏导数存在.

因为 $\Delta z-[f_x(0,0)\Delta x+f_y(0,0)\Delta y]=\dfrac{(\Delta x)^2(\Delta y)^2}{[(\Delta x)^2+(\Delta y)^2]^{3/2}}$,

$\lim\limits_{\substack{\rho\to 0 \\ \Delta x=\Delta y}}\dfrac{\dfrac{(\Delta x)^2(\Delta y)^2}{[(\Delta x)^2+(\Delta y)^2]^{3/2}}}{\rho}=\lim\limits_{\Delta x\to 0}\dfrac{(\Delta x)^4}{[2(\Delta x)^2]^2}=\dfrac{1}{4}\neq 0$,

所以 $f(x,y)$ 在点 $(0,0)$ 处不可微.

A 类题

1. 填空题

(1) 设 $z=\sin(3x-y)+y$,则 $\dfrac{\partial z}{\partial x}\bigg|_{\substack{x=2 \\ y=1}}=$ _____.

(2) $z=f(x,y)$ 在点 (x,y) 的偏导数 $\dfrac{\partial z}{\partial x}$ 及 $\dfrac{\partial z}{\partial y}$ 存在是 $f(x,y)$ 在该点可微的 _____ 条件,$z=f(x,y)$ 在点 (x,y) 可微是函数在该点的偏导数 $\dfrac{\partial z}{\partial x}$ 及 $\dfrac{\partial z}{\partial y}$ 存在的 _____ 条件.

(3) 若函数 $z=e^{xy}$,则 $dz=$ _____.

(4) 函数 $z=\ln(x^2+y^2)$ 在点 $(1,1)$ 处的全微分为 _____.

2. 选择题

(1) 设 $f(x,y)$ 是二元函数,(x_0,y_0) 是其定义域内的一点,则下列命题中一定正确的是( ).

(A) 若 $f(x,y)$ 在点 (x_0,y_0) 连续,则 $f(x,y)$ 在点 (x_0,y_0) 可导

(B) 若 $f(x,y)$ 在点 (x_0,y_0) 的两个偏导数都存在,则 $f(x,y)$ 在点 (x_0,y_0) 连续

(C)若 $f(x,y)$ 在点 (x_0,y_0) 的两个偏导数都存在,则 $f(x,y)$ 在点 (x_0,y_0) 可微

(D)若 $f(x,y)$ 在点 (x_0,y_0) 可微,则 $f(x,y)$ 在点 (x_0,y_0) 连续

(2)二元函数 $z=f(x,y)$ 在 (x_0,y_0) 处满足关系(　　).

(A)可微(指全微分存在)$\Leftrightarrow$ 可导(指偏导数存在)$\Rightarrow$ 连续

(B)可微$\Rightarrow$可导$\Rightarrow$连续

(C)可微$\Rightarrow$可导或可微$\Rightarrow$连续,但可导不一定连续

(D)可导$\Rightarrow$连续,但可导不一定可微

(3)若 $\left.\dfrac{\partial f}{\partial x}\right|_{\substack{x=x_0\\y=y_0}}=\left.\dfrac{\partial f}{\partial y}\right|_{\substack{x=x_0\\y=y_0}}=0$,则 $f(x,y)$ 在 (x_0,y_0) 是(　　).

(A)连续但不可微　　　　　　　　(B)连续但不一定可微

(C)可微但不一定连续　　　　　　(D)不一定可微也不一定连续

(4)设函数 $f(x,y)$ 在点 (x_0,y_0) 处不连续,则 $f(x,y)$ 在该点处(　　).

(A)必无定义　　　　　　　　　　(B)极限必不存在

(C)偏导数必不存在　　　　　　　(D)全微分必不存在

3.求下列函数的一阶偏导数:

(1) $z=x^2\ln(x^2+y^2)$;

(2) $z=\dfrac{1}{2}\ln(x^2+y^2)+\arctan\dfrac{y}{x}$;

(3) $z=y^x\ln(xy)$.

4.计算函数 $u=x+\sin\dfrac{y}{2}+e^{yz}$ 的全微分.

5. 设 $u = x^{z/y}$ $(x > 0, x \neq 1, y \neq 0)$，求证：$\dfrac{yx}{z}u_x + yu_y + zu_z = u$.

B 类题

证明 $f(x,y) = \begin{cases} xy\sin\dfrac{1}{x^2+y^2}, & x^2+y^2 \neq 0 \\ 0, & x^2+y^2 = 0 \end{cases}$ 在点 $(0,0)$ 处可微.

C 类题

已知 $f(x,y) = \begin{cases} \dfrac{x^2 y}{x^2+y^2}, & (x,y) \neq (0,0) \\ 0, & (x,y) = (0,0) \end{cases}$ 问

(1) $f(x,y)$ 在 $(0,0)$ 处是否连续？

(2) $f_x(0,0)$ 与 $f_y(0,0)$ 是否存在？

(3) f 在 $(0,0)$ 处是否可微？

第三节 复合函数的微分法

掌握复合函数的求导法,会求复合函数的二阶偏导数.

1. 多元复合函数求偏导的链式法则；
2. 一阶全微分形式的不变性；
3. 高阶偏导数.

例 1 设 $z = \ln\sqrt{(x-a)^2+(y-b)^2}$ (a, b 为常数),证明 $\dfrac{\partial^2 z}{\partial x^2} + \dfrac{\partial^2 z}{\partial y^2} = 0$.

解 先化简函数 $z = \dfrac{1}{2}\ln[(x-a)^2+(y-b)^2]$,

$$\frac{\partial z}{\partial x} = \frac{1}{2} \cdot \frac{2(x-a)}{(x-a)^2+(y-b)^2} = \frac{x-a}{(x-a)^2+(y-b)^2},$$

$$\frac{\partial z}{\partial y} = \frac{1}{2} \cdot \frac{2(y-b)}{(x-a)^2+(y-b)^2} = \frac{y-b}{(x-a)^2+(y-b)^2},$$

$$\frac{\partial^2 z}{\partial x^2} = \frac{(x-a)^2+(y-b)^2-2(x-a)^2}{[(x-a)^2+(y-b)^2]^2}$$

$$= \frac{(y-b)^2-(x-a)^2}{[(x-a)^2+(y-b)^2]^2},$$

$$\frac{\partial^2 z}{\partial y^2} = \frac{(x-a)^2+(y-b)^2-2(y-b)^2}{[(x-a)^2+(y-b)^2]^2}$$

$$= \frac{(x-a)^2-(y-b)^2}{[(x-a)^2+(y-b)^2]^2},$$

所以 $\dfrac{\partial^2 z}{\partial x^2} + \dfrac{\partial^2 z}{\partial y^2} = 0$.

例 2 设 $z = f(\sin x, \cos y, e^{x+y})$,其中 f 具有二阶连续偏导数,求 $\dfrac{\partial z}{\partial x}$ 及 $\dfrac{\partial^2 z}{\partial y \partial x}$.

解 $\dfrac{\partial z}{\partial x} = f'_1 \cdot \cos x + f'_3 \cdot e^{x+y}$,

$\dfrac{\partial^2 z}{\partial y \partial x} = \dfrac{\partial^2 z}{\partial x \partial y}$

$= [f''_{12} \cdot (-\sin y) + f''_{13} \cdot e^{x+y}]\cos x + e^{x+y} f'_3 + [f''_{32} \cdot (-\sin y) + f''_{33} \cdot$

$e^{x+y}]e^{x+y}$

1)明确函数的结构(树形图)

这里 $u=\sin x, v=\cos y, w=e^{x+y}$,那么复合之后 z 是关于 x,y 的二元函数.根据结构图,可以知道:对 x 的导数,有几条线通到"树梢"上的 x,结果中就应该有几项,而每一项都是一条线上的函数对变量的导数或偏导数的乘积.简单的说就是,"按线相乘,分线相加".

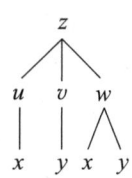

2) f'_1, f'_3 是 $f'_1(\sin x, \cos y, e^{x+y}), f'_3(\sin x, \cos y, e^{x+y})$ 的简写形式,它们与 z 的结构相同,仍然是 $\sin x, \cos y, e^{x+y}$ 的函数.所以 f'_1 对 y 求导数为

$$\frac{\partial f'_1}{\partial y} = f''_{12} \cdot (-\sin y) + f''_{13} \cdot e^{x+y}$$

所以求导过程中要始终理清函数结构,确保运算不重、不漏.

3) f 具有二阶连续偏导数,从而 $\dfrac{\partial^2 z}{\partial y \partial x}, \dfrac{\partial^2 z}{\partial x \partial y}$ 连续,所以 $\dfrac{\partial^2 z}{\partial y \partial x} = \dfrac{\partial^2 z}{\partial x \partial y}$.

例 3 设 $z = e^u \sin v + x^2, u = x+y, v = xy$,求 $\dfrac{\partial z}{\partial x}$ 和 $\dfrac{\partial z}{\partial y}$.

解 $\dfrac{\partial z}{\partial x} = \dfrac{\partial f}{\partial u} \dfrac{\partial u}{\partial x} + \dfrac{\partial f}{\partial v} \dfrac{\partial v}{\partial x} + \dfrac{\partial f}{\partial x} = e^u \sin v + e^u \cos v \cdot y + 2x$

$\qquad = e^{x+y}[\sin(xy) + y\cos(xy)] + 2x$

$\dfrac{\partial z}{\partial y} = \dfrac{\partial f}{\partial u} \dfrac{\partial u}{\partial y} + \dfrac{\partial f}{\partial v} \dfrac{\partial v}{\partial y} = e^u \sin v + x e^u \cos v = e^{x+y}[\sin(xy) + x\cos(xy)]$

A 类题

1. 填空题

(1) 设 $z = \sin \dfrac{x}{y}$,而 $x = e^t, y = t^2$.求全导数 $\dfrac{dz}{dt} = $ _____.

(2) 设 $z = \cos(x^2 - 2y)$,求 $\dfrac{\partial^2 z}{\partial x \partial y} = $ _____.

(3) 设 $z = \arctan \dfrac{x}{y}, x = u+v, y = u-v$,则 $z_u + z_v = $ _____.

2. 设 $z = f(\sqrt{xy}, \dfrac{x}{y})$,求 $\dfrac{\partial z}{\partial x}, \dfrac{\partial z}{\partial y}$ 及 dz.

3. 设 $z = f(u,v,w)$ 具有连续偏导数,而 $u = \eta - \zeta, v = \zeta - \xi, w = \xi - \eta$,求 $\dfrac{\partial z}{\partial \xi}, \dfrac{\partial z}{\partial \eta}, \dfrac{\partial z}{\partial \zeta}$.

4. 求函数 $z = e^{xy}\sin(x+y) + e^{x+y}\cos xy$ 的偏导数.

5. 设 $w = f(x+y+z, xyz)$，f 具有二阶连续偏导数，求 $\dfrac{\partial w}{\partial x}$ 及 $\dfrac{\partial^2 w}{\partial x \partial z}$.

6. 求下列函数的二阶偏导数：
(1) $z = \sin(x + 2y)$；   (2) $z = \ln(xy)$.

7. 设 $z = e^u \sin v, u = xy, v = x + y$，利用全微分形式不变性求全微分.

B 类题

设 $e^z - xyz = xy$,利用微分形式不变性求 $\dfrac{\partial z}{\partial x}, \dfrac{\partial z}{\partial y}, \dfrac{\partial x}{\partial y}$.

C 类题

设二元函数 $u(x,y)$ 具有二阶偏导数,且 $u(x,y) \neq 0$,证明 $u(x,y) = f(x)g(y)$ 的充要条件为 $u\dfrac{\partial^2 u}{\partial x \partial y} = \dfrac{\partial u}{\partial x} \cdot \dfrac{\partial u}{\partial y}$.

第四节 方向导数与梯度

了解方向导数和梯度的定义、计算方法和它们之间的关系.

1. 方向导数的定义和计算;
2. 梯度的定义和计算;
3. 函数在某点处的梯度与函数在该点处的方向导数之间的关系.

例1 求函数 $u=3x^2+2y^2-z^2$ 在点 $P(1,2,-1)$ 处分别沿什么方向时方向导数取得最大值和最小值？并求出其最大值和最小值.

解 该函数在点 P 处的梯度
$$\text{grad}u|_P = (6x\boldsymbol{i}+4y\boldsymbol{j}-2z\boldsymbol{k})|_P = 6\boldsymbol{i}+8\boldsymbol{j}+2\boldsymbol{k}$$
由梯度的定义可知,函数沿向量$(6,8,2)$的方向,方向导数取得最大值:
$$|\text{grad}u|_P = \sqrt{6^2+8^2+2^2} = 2\sqrt{26}$$
而沿梯度 $\text{grad}u|_P$ 的反方向$(-6,-8,-2)$,方向导数取得最小值:
$$-|\text{grad}u|_P = -2\sqrt{26}$$

例2 求 a,b,c 的值,使函数 $f(x,y,z)=axy^2+byz+cx^3z^2$ 在点 $M(1,2,-1)$ 处沿 x 轴正方向的方向导数有最大值 64.

解 $f_x(x,y,z)=ay^2+3cx^2z^2, f_y(x,y,z)=2axy+bz, f_z(x,y,z)=by+2cx^3z$,

$f_x(1,2,-1)=4a+3c, f_y(1,2,-1)=4a-b, f_z(1,2,-1)=2b-2c$,

设 $\boldsymbol{l}=(1,0,0)$,则 $\cos\alpha=1,\cos\beta=0,\cos\gamma=0$,

故 $\dfrac{\partial f}{\partial l}\bigg|_{(1,2,-1)} = f_x(1,2,-1)\cos\alpha+f_y(1,2,-1)\cos\beta+f_z(1,2,-1)\cos\gamma = 4a+3c$,

由方向导数与梯度的关系知,当 $\boldsymbol{l}=(1,0,0)$ 的方向与梯度 $\text{grad}f(1,2,-1)=(4a+3c,4a-b,2b-2c)$ 的方向一致时,方向导数达到最大值.

据题意有 $\begin{cases} 4a+3c=64 \\ 4a-b=0 \\ 2b-2c=0 \end{cases}$, 故 $a=4, b=c=16$.

注:方向导数沿梯度的方向达到最大值,且其最大值为梯度的模.

例3 求函数 $z=\displaystyle\int_0^{xy^2}\dfrac{\mathrm{d}t}{1+t^4}$ 在点 $(1,-1)$ 处沿 $\boldsymbol{a}=\{-1,1\}$ 方向的方向导数.

解 $\dfrac{\partial z}{\partial x}\bigg|_{(1,-1)} = \dfrac{y^2}{1+x^4y^8}\bigg|_{(1,-1)} = \dfrac{1}{2}$

$\dfrac{\partial z}{\partial y}\bigg|_{(1,-1)} = \dfrac{2xy}{1+x^4y^8}\bigg|_{(1,-1)} = -1$

$\cos\alpha=-\dfrac{1}{\sqrt{2}} \qquad \cos\beta=\dfrac{1}{\sqrt{2}}$

所以 $\dfrac{\partial z}{\partial a} = \dfrac{1}{2}\times\left(-\dfrac{1}{\sqrt{2}}\right)+(-1)\times\dfrac{1}{\sqrt{2}} = -\dfrac{3}{2}\cdot\dfrac{1}{\sqrt{2}}$

A 类题

1. 填空题

(1) 函数 $f(x,y,z)=\sqrt{3+x^2+y^2+z^2}$ 在点 $(1,-1,2)$ 处的梯度是_____.

(2) 函数 $z=x^2-xy-2y^2$ 在点 $(1,2)$ 沿着与 x 轴正向构成 $\dfrac{\pi}{3}$ 角的方向导数是_____.

(3) 函数 $z=ye^{2x}$ 在点 $P(0,1)$ 处沿着从点 $P(0,1)$ 到点 $Q(-1,2)$ 的方向的方向导数是_____.

2. 选择题

(1) 下列命题中正确的是( ).

(A) $\lim\limits_{x\to x_0}\lim\limits_{y\to y_0}f(x,y)$ 与 $\lim\limits_{(x,y)\to(x_0,y_0)}f(x,y)$ 等价

(B) 函数 $f(x,y)$ 在点 (x_0,y_0) 连续,则极限 $\lim\limits_{(x,y)\to(x_0,y_0)}f(x,y)$ 必定存在

(C) $\left.\dfrac{\partial f}{\partial x}\right|_{P_0}$ 与 $\left.\dfrac{\partial f}{\partial y}\right|_{P_0}$ 都存在,则 $f(x,y)$ 在点 (x_0,y_0) 必连续

(D) $f(x,y)$ 在 p_0 点沿任何方向 $\boldsymbol{u}$ 的方向导数存在,则 $f(x,y)$ 在点 (x_0,y_0) 必连续

(2) $f(x,y)=\begin{cases}\dfrac{2xy^2}{x^2+y^4}, & (x,y)\neq(0,0),\\ 0, & (x,y)=0,\end{cases}$ 则在点 $(0,0)$ 处( ).

(A) 不连续,偏导数存在且可微

(B) 连续,偏导数存在,但不可微

(C) 沿任何方向 $\boldsymbol{v}=(\cos\theta,\sin\theta)$ 的方向导数存在,且可微

(D) 不连续,但沿任何方向 $\boldsymbol{v}=(\cos\theta,\sin\theta)$ 的方向导数存在,并且不可微

(3) 若函数 $f(x,y)$ 在点 (x,y) 的某个邻域内具有连续的偏导数,则函数在该点沿 $\boldsymbol{e}=\cos\varphi\boldsymbol{i}+\sin\varphi\boldsymbol{j}$(其中 φ 为 x 轴到 $\boldsymbol{e}$ 的转角)的方向导数为( ).

(A) $|\mathrm{grad}f(x,y)||\boldsymbol{e}|$ (B) $\mathrm{grad}f(x,y)\cdot\boldsymbol{e}$

(C) $|\mathrm{grad}f(x,y)|\cos\varphi$ (D) $|\mathrm{grad}f(x,y)|\sin\varphi$

3. 求函数 $u=\arctan r$,$r=\sqrt{x^2+y^2+z^2}$ 在点 $(1,1,1)$ 处沿 $\boldsymbol{a}=\{1,0,-1\}$ 方向的方向导数.

4. 求函数 $r=\sqrt{x^2+y^2+z^2}$ 在点 $M_0(x_0,y_0,z_0)$ 处沿 M_0 到坐标原点 O 方向 $\overrightarrow{M_0O}$ 的方向导数.

5. 求函数 $u=x^{y^z}$ 在点 $(1,2,-1)$ 处沿 $\boldsymbol{a}=\{1,2,-2\}$ 方向的方向导数.

6. 求函数 $u=y(x^2+z^3)$ 在点 $(2,1,1)$ 处沿该点向径方向的方向导数.

B 类题

1. 设函数 $z=\ln(x^2+y^2)$,求 z 在点 $(1,1)$ 沿与过这点的等高线垂直方向的方向导数.

2. 求函数 $u = \dfrac{\boldsymbol{a} \cdot \boldsymbol{r}}{|\boldsymbol{r}|}$ 在点 $P_0(1,-2,2)$ 处沿 $\boldsymbol{r}^0$ 方向的方向导数，其中 $\boldsymbol{r} = \{x,y,z\}$，$\boldsymbol{a}$ 为常向量，$\boldsymbol{r}^0 = \overline{OP_0}$.

3. 求函数 $u = xy + 3yz - zx$ 在点 $(1,2,0)$ 处沿与直线 $\dfrac{x-1}{2} = \dfrac{y-2}{-1} = \dfrac{z}{3}$ 平行方向的方向导数.

第四章　重积分

第一节　二重积分的概念

1. 二重积分的定义及几何意义；
2. 二重积分的性质．

A 类题

1. 设有一块平面薄板（不计其厚度）占有 xoy 面上的闭区域 D，薄板上分布有面密度为 $\mu = \mu(x,y)$ 的电荷，且 $\mu(x,y)$ 在 D 上连续，试用二重积分表示该板上的全部电荷 Q．

2. 根据二重积分的几何意义，求下列积分：

(1) $\iint\limits_{x^2+y^2 \leqslant 1} \sqrt{1-x^2-y^2}\,d\sigma$；

(2) $\iint\limits_{D} y\,d\sigma$，其中 D 是由直线 $x+y=1, x-y=1$ 及 $x=0$ 所围．

3. 利用二重积分的性质估计下列积分的值：

(1) $\iint\limits_{D} xy(x+y)d\sigma$，$D: 0 \leqslant x \leqslant 1, 0 \leqslant y \leqslant 1$.

(2) $\iint\limits_{D} \sin^2 x \sin^2 y d\sigma$，$D: 0 \leqslant x \leqslant \pi, 0 \leqslant y \leqslant \pi$.

B 类题

1. 设 D_1 是 x 轴、y 轴及 $x+y=1$ 所围区域，D_2 为圆域：$(x-2)^2+(y-1)^2 \leqslant 2$. 试在同一坐标系中画出 D_1 与 D_2 的图形，并由小到大的次序排列 I_1、I_2、I_3、I_4，其中

$I_1 = \iint\limits_{D_1}(x+y)^2 d\sigma$，$I_2 = \iint\limits_{D_1}(x+y)^3 d\sigma$，$I_3 = \iint\limits_{D_2}(x+y)^2 d\sigma$，$I_4 = \iint\limits_{D_2}(x+y)^3 d\sigma$.

2. 设 $f(x,y)$ 在平面区域 $x^2+y^2 \leqslant 1$ 上连续，证明：$\lim\limits_{R \to 0} \iint\limits_{x^2+y^2 \leqslant R^2} f(x,y) d\sigma = \pi f(0,0)$.

第二节　二重积分的计算

1. 二重积分的直角坐标计算法；
2. 二重积分的极坐标计算法；
3. 二重积分的一般换元法.

例 1 计算 $I = \int_1^2 dx \int_{\sqrt{x}}^{x} \sin \dfrac{\pi x}{2y} dy + \int_2^4 dx \int_{\sqrt{x}}^{2} \sin \dfrac{\pi x}{2y} dy$.

分析 由于不定积分 $\int \sin \dfrac{\pi x}{2y} dy$ 不能用初等函数表示，只有通过交换积分次序来求解.

解 根据两个累次积分的积分限画出积分区域 D，如右图所示.

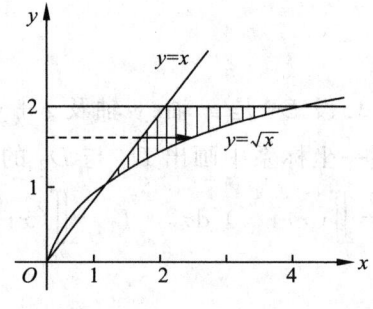

$$\therefore I = \iint_D \sin \dfrac{\pi x}{2y} dx\, dy = \int_1^2 dy \int_y^{y^2} \sin \dfrac{\pi x}{2y} dx$$

$$= -\dfrac{2}{\pi} \int_1^2 y \cos \dfrac{\pi}{2} y\, dy = \dfrac{4(\pi+2)}{\pi^3}.$$

例 2 设 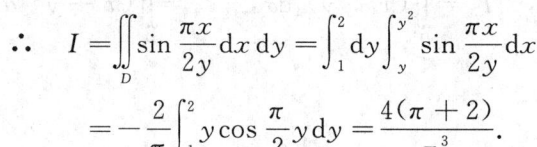，求 $\iint_D f(x,y) d\sigma$，其中积分区域为 $D = \{(x,y) \mid x^2 + y^2 \geqslant 2x\}$.

解 记 $D_1 = \{(x,y) \mid 1 \leqslant x \leqslant 2, 0 \leqslant y \leqslant x\}$，$D_2$ 为 D_1 在 xOy 面上的补集，则

$$D = D \cap (D_1 \cup D_2) = (D \cap D_1) \cup (D \cap D_2)$$

如右所示.

注意到在区域 $D \cap D_2$ 上，被积函数 $f(x,y)$ 为 0，故

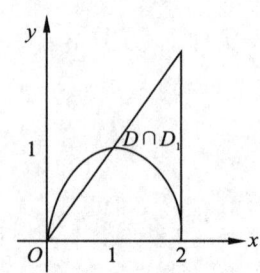

$$\iint_D f(x,y) d\sigma = \iint_{D \cap D_1} f(x,y) d\sigma + \iint_{D \cap D_2} f(x,y) d\sigma$$

$$= \iint_{D \cap D_1} f(x,y) d\sigma = \int_1^2 dx \int_{\sqrt{2x-x^2}}^{x} x^2 y\, dy$$

$$= \int_1^2 x^2 dx \int_{\sqrt{2x-x^2}}^{x} y\, dy = \dfrac{49}{20}.$$

A 类题

1. 求 $\iint\limits_{D} xe^{xy}\,dx\,dy$ 的值,其中 D 为:$0 \leqslant x \leqslant 1, -1 \leqslant y \leqslant 0$.

2. 求 $\iint\limits_{D} \dfrac{dx\,dy}{(x-y)^2}$ 的值,其中 D 为:$1 \leqslant x \leqslant 2, 3 \leqslant y \leqslant 4$.

3. 求 $\iint\limits_{D} (1+x)y\,d\sigma$ 的值,其中 D 是顶点为 $(0,0),(1,0),(1,2),(0,1)$ 的直边梯形.

4. 将二重积分 $\iint\limits_{D} f(x,y)\,d\sigma$ 化为二次积分:

(1) D 为 $x+y=1, x-y=1, x=0$ 所围成的区域;

(2) D 为 $y-2x=0, 2y-x=0, xy=2$ 所围成的第一象限的部分.

5. 改变下列二次积分的积分次序：

(1) $\int_1^e dx \int_0^{\ln x} f(x,y) dy$

(2) $\int_0^1 dx \int_0^{x^2} f(x,y) dy + \int_1^3 dx \int_0^{\frac{1}{2}(3-x)} f(x,y) dy$

(3) $\int_0^{2a} dx \int_{\sqrt{2ax-x^2}}^{\sqrt{2ax}} f(x,y) dy$

6. 计算 $I = \int_0^1 dy \int_{\sqrt{y}}^1 e^{\frac{y}{x}} dx$

7. 将下列二次积分化为极坐标下的二次积分：

(1) $\int_0^{2R} dy \int_0^{\sqrt{2Ry-y^2}} f(x,y) dx$

(2) $\int_0^R dx \int_0^{\sqrt{R^2-x^2}} f(x^2+y^2) dy$

B 类题

1. 选用极坐标计算下列积分：

(1) $\iint\limits_{D} \ln(1+x^2+y^2)\,dx\,dy$，其中 D 为 $x^2+y^2=1$ 所围成的第一象限内的区域；

(2) $\iint\limits_{D} \arctan\dfrac{y}{x}\,dx\,dy$，其中 D 为 $x^2+y^2=4$，$x^2+y^2=1$ 及直线 $y=x$，$y=0$ 所围的第一象限内的区域.

2. 选用适当的坐标系计算 $\iint\limits_{D}(x^2+y^2)\,d\sigma$，其中 D 是由 $x=-\sqrt{1-y^2}$，$y=-1$，$y=1$ 及 $x=-2$ 所围成的区域.

3. 求由平面 $y=0$，$y=kx\,(k>0)$，$z=0$ 以及球心在原点，半径为 R 的上半球面所围成的第一卦限内的立体体积.

4. 用适当的变换,计算下列二重积分:

(1) $\iint\limits_D (x-y)^2 \sin^2(x+y) \,dx\,dy$,其中 D 是平行四边形闭区域,其四个顶点是 $(\pi,0)$,$(2\pi,\pi)$,$(\pi,2\pi)$ 和 $(0,\pi)$;

(2) $\iint\limits_D x^2 y^2 \,dx\,dy$,其中 D 是由两条双曲线 $xy=1$,$xy=2$ 和两条直线 $y=x$,$y=4x$ 所围成的在第一象限的闭区域;

(3) $\iint\limits_D e^{\frac{x}{x+y}} \,dx\,dy$,其中 D 是由直线 $x+y=1$ 和两个坐标轴所围成的闭区域.

第三节　广义二重积分

无界区域上的二重积分的计算.

A 类题

1. 求 $\iint\limits_{D} e^{-(x^2+y^2)} dx dy$，其中 $D = \{(x,y) \mid x^2+y^2 \geqslant 1\}$.

2. 求 $\iint\limits_{D} xe^{-y^2} dx dy$，其中 D 是由曲线 $y=4x^2$ 和 $y=9x^2$ 在第一象限所围成的区域.

第四节　三重积分的概念及计算

1. 三重积分的概念与性质；
2. 三重积分的直角坐标计算法；
3. 三重积分的柱坐标、球坐标计算法；
4. 三重积分的一般换元法.

 典型例题

例 设 $\Omega = \{(x,y,z) \mid z \leqslant \sqrt{x^2+y^2} \leqslant \sqrt{3}z, 0 \leqslant z \leqslant 4\}$，计算 $\iiint\limits_{\Omega} z\,dv$.

解 方法一（利用球面坐标）
$$\iiint\limits_{\Omega} z\,dv = \int_0^{2\pi} d\theta \int_{\frac{\pi}{4}}^{\frac{\pi}{3}} d\varphi \int_0^{\frac{4}{\cos\varphi}} r\cos\varphi \cdot r^2 \sin\varphi\,dr = 128\pi.$$

方法二（利用柱面坐标）
$$\iiint\limits_{\Omega} z\,dv = \int_0^4 z\,dz \int_0^{2\pi} d\theta \int_z^{\sqrt{3}z} \rho\,d\rho = 128\pi.$$

方法三（利用直角坐标）

作平面 $z=z$ 截 Ω 得环域 $D_z = \{(x,y) \mid z \leqslant \sqrt{x^2+y^2} \leqslant \sqrt{3}z\}$，于是
$$\iiint\limits_{\Omega} z\,dv = \int_0^4 z\,dz \iint\limits_{D_z} dx\,dy = \int_0^4 2\pi z^3\,dz = 128\pi.$$

A 类题

1. 将三重积分 $I = \iiint\limits_{\Omega} xyz\,dv$ 分别化为在直角坐标系、柱面坐标系、球坐标系下的累次积分，其中 Ω 由 $z = 6 - x^2 - y^2$ 和 $z = \sqrt{x^2+y^2}$ 所围成.

2. 计算三重积分 $I = \iiint\limits_{\Omega} e^{|z|}\,dv$，其中 $\Omega: x^2 + y^2 + z^2 \leqslant 1$.

B 类题

1. 计算下列三重积分：

(1) $\iiint\limits_{\Omega} z(x^2+y^2)\,dx\,dy\,dz$，$\Omega$ 是由锥面 $z=\sqrt{x^2+y^2}$ 及平面 $z=1$，$z=2$ 所围区域；

(2) $\iiint\limits_{\Omega} \dfrac{dx\,dy\,dz}{\sqrt{x^2+y^2+z^2}}$，$\Omega$ 是由 $x^2+y^2+z^2 \leqslant 2z$ 及 $z \leqslant 1$，$y \geqslant 0$ 所围成.

2. 求下列三重积分：

(1) $\iiint\limits_{\Omega} z^2\,dx\,dy\,dz$，其中 Ω 是由 $x^2+y^2+z^2 \leqslant R^2$ 及 $x^2+y^2+z^2 \leqslant 2Rz$ 所围成.

(2) $\iiint\limits_{\Omega} y^2\,dx\,dy\,dz$，$\Omega$：$\dfrac{x^2}{a^2}+\dfrac{y^2}{b^2}+\dfrac{z^2}{c^2} \leqslant 1$ 及 $z \geqslant 0$.

3. 设 $f(x)$ 连续，$\Omega: 0 \leqslant z \leqslant h, x^2+y^2 \leqslant t^2$，$F(t) = \iiint\limits_{\Omega}[z^2+f(x^2+y^2)]\mathrm{d}v$，求 $\dfrac{\mathrm{d}F}{\mathrm{d}t}$ 及 $\lim\limits_{t\to 0}\dfrac{F(t)}{t^2}$.

4. 计算 $\iiint\limits_{\Omega}(x^2+y^2+z^2)\mathrm{d}x\mathrm{d}y\mathrm{d}z$，其中 Ω 为球体 $x^2+y^2+z^2 \leqslant z$ 在第一卦限中的部分.

第五节　重积分的应用

知识要点

重积分在体积、物体的质心、转动惯量以及引力方面的应用.

典型例题

例　设空间区域 $\Omega = \{(x,y,z) \mid (x-1)^2+(y-2)^2+(z-3)^2 \leqslant 4\}$，试计算 $\iiint\limits_{\Omega}(3x+\dfrac{3}{2}y+z)\mathrm{d}v$.

分析　联想到占有空间闭区域 Ω，密度为 1 的物体的质心坐标计算公式：

$$\bar{x} = \dfrac{\iiint\limits_{\Omega} x\,\mathrm{d}v}{\iiint\limits_{\Omega} \mathrm{d}v}, \quad \bar{y} = \dfrac{\iiint\limits_{\Omega} y\,\mathrm{d}v}{\iiint\limits_{\Omega} \mathrm{d}v}, \quad \bar{z} = \dfrac{\iiint\limits_{\Omega} z\,\mathrm{d}v}{\iiint\limits_{\Omega} \mathrm{d}v},$$

则所求积分即可转化为各形心坐标与积分区域 Ω 体积的乘积的代数和.

解　由于区域 Ω 的形心坐标为 $(1,2,3)$，其体积为 $\dfrac{32}{3}\pi$. 则由物体的形心坐标公式，得

$$\iiint_\Omega (3x + \frac{3}{2}y + z)dv = 3\iiint_\Omega x\,dv + \frac{3}{2}\iiint_\Omega y\,dv + \iiint_\Omega z\,dv$$
$$= \left(3\bar{x} + \frac{3}{2}\bar{y} + \bar{z}\right) \cdot \iiint_\Omega dv = 96\pi.$$

A 类题

1. 计算由下列曲面所围成的立体的体积：

(1) 平面 $x=0, y=0, x=1, y=1$ 及平面 $z=0, 2x+3y+z=6$；

(2) 旋转抛物面 $z=x^2+y^2$，抛物柱面 $y=x^2$ 以及平面 $y=1, z=0$.

2. 设平面薄片的密度为 $\rho=x^2 y$，所占的闭区域为 D，D 由抛物线 $y=x^2$ 及直线 $y=x$ 所围成，求平面薄片的质心.

3. 设均匀立体的密度为 $\rho=1$，计算由锥面 $z^2=x^2+y^2$ 及平面 $z=1$ 所围立体的质心.

4. 设均匀薄片密度 $\rho=1$，所占闭区域 $D=\{(x,y) \mid 0 \leqslant x \leqslant a, 0 \leqslant y \leqslant b\}$，求转动惯量 I_x, I_y.

B 类题

1. 确定均匀的半椭球 $\Omega: \dfrac{x^2}{a^2} + \dfrac{y^2}{b^2} + \dfrac{z^2}{c^2} \leqslant 1, z \geqslant 0$ 的重心坐标.

2. 求均匀物体 $x^2 + y^2 + z^2 \leqslant 2, x^2 + y^2 \geqslant z^2$ 关于 Oz 轴的转动惯量(设密度为 $\rho = 1$).

第五章　第二型曲线积分和曲面积分(一)

第一节　第二型曲线积分

理解第二型曲线积分的概念,了解其性质,计算第二型曲线积分并会用第二型曲线积分表达并计算一些几何量和物理量.

1. 第二型曲线积分的概念与性质,以及积分存在的条件;
2. 第二型曲线积分的计算法.

例1　计算曲线积分 $\oint_L (z-y)\mathrm{d}x + (x-z)\mathrm{d}y + (x-y)\mathrm{d}z$,其中 L 是曲线 $\begin{cases} x^2+y^2=1 \\ x-y+z=2 \end{cases}$,从 z 轴正向看去,L 取顺时针方向.

解　这里 L 由一般方程给出,首先要将一般方程化为参数方程,注意到 $x^2+y^2=1$,因此可以令 $x=\cos t, y=\sin t$,再由 $z=2-x+y$ 得 $z=2-\cos t+\sin t$,t 从 2π 变到 0. 于是

原式 $= \int_{2\pi}^{0} [(2-\cos t)(-\sin t) + (2\cos t - 2 - \sin t)\cos t + (\cos t - \sin t)(\sin t + \cos t)]\mathrm{d}t$

$= \int_0^{2\pi} (2\sin t + 2\cos t - 2\cos 2t - 1)\mathrm{d}t = -2\pi.$

例2　计算积分 $\oint_L \dfrac{(x+y)\mathrm{d}x - (x-y)\mathrm{d}y}{x^2+y^2}$,其中 L 为圆周 $x^2+y^2=a^2$(按逆时针方向绕行).

分析　可以考虑用参数方程求解.

解　L 的参数方程为 $\begin{cases} x=a\cos t, \\ y=a\sin t, \end{cases}$ t 从 0 变到 2π,于是

$$\oint_L \frac{(x+y)\mathrm{d}x-(x-y)\mathrm{d}y}{x^2+y^2}=\int_0^{2\pi}\frac{a(\cos t+\sin t)(-a\sin t)-a(\cos t-\sin t)a\cos t}{a^2}\mathrm{d}t$$

$$=-\int_0^{2\pi}(\sin^2 t+\cos^2 t)\mathrm{d}t=-2\pi.$$

A 类题

1. 回答下列问题：

(1) 质点在变力 F 的作用下，沿曲线 L 移动所做的功如何表示？

(2) 第二型曲线积分的定义是什么？它与第一型曲线积分的联系？

(3) 第二型曲线积分的线性性质和可加性指的是什么？

(4) 计算第二型曲线积分的基本方法是什么？

2. 计算 $\int_L (xy-1)\mathrm{d}x+x^2 y\mathrm{d}y$，其中 L 分别为由点 $A(1,0)$ 到 $B(0,2)$ 的下列曲线：

(1) 线段 $2x+y=2$；

(2) 抛物线 $4x+y^2=4$；

(3) 椭圆弧 $4x^2+y^2=4$.

3. $\int_L (2a-y)\mathrm{d}x + \mathrm{d}y$,其中 L 为摆线 $x=a(t-\sin t), y=a(1-\cos t)(0 \leqslant t \leqslant 2\pi)$ 沿 t 增加方向的一段.

4. $\oint_L \dfrac{-x\,\mathrm{d}x + y\,\mathrm{d}y}{x^2+y^2}$,其中 L 为圆周 $x^2+y^2=a^2$,且依逆时针方向.

5. 计算 $\int_L (2a-y)\mathrm{d}x + x\,\mathrm{d}y$,其中 L 为摆线 $x=a(t-\sin t), y=a(-\cos t)$ 上由 $t_1=0$ 到 $t_2=2\pi$ 的一段弧.

6. $\oint_L y\,\mathrm{d}x + \sin x\,\mathrm{d}y$ 其中 L 为 $y=\sin x\,(0 \leqslant x \leqslant \pi)$ 与 x 轴所围的闭曲线,且依顺时针方向.

B 类题

1. 证明曲线积分的估计公式 $\left|\int_{AB} P\,dx + Q\,dy\right| \leqslant LM$，其中 L 为 AB 的弧长，$M = \max \sqrt{P^2 + Q^2}$.

2. 将下列第二型曲线积分化为第一型曲线积分.

(1) $\int_L 3x^2 y\,dx + y^2\,dy$，其中 L 为曲线 $y^2 = x$ 从点 $(0,0)$ 到 $(1,1)$ 的弧段；

(2) $\int_\Gamma P\,dx + Q\,dy + R\,dz$，其中 Γ 为曲线 $x = t, y = t^2, z = t^3$ 上相对应 t 从 0 到 1 的曲线弧段.

3. 计算 $\int_L (x^2 - y)\,dx - (x + \sin^2 y)\,dy$，其中 L 是圆周 $y = \sqrt{2x - x^2}$ 由原点到 $A(1,1)$ 上的一段弧.

C 类题

1. 设 O 为原点,$A(3,-6,0)$,$B(-2,4,5)$,计算 $\int_\Gamma xy^2 \mathrm{d}x + yz^2 \mathrm{d}y - zx^2 \mathrm{d}z$,其中 Γ 为:

   (1) 直线段 $\overline{OB}$; (2) 圆弧 $\widehat{AB}$,其方程 $\begin{cases} x^2 + y^2 + z^2 = 45 \\ 2x + y = 0 \end{cases}$.

2. 在变力 $F = \{yz, zx, xy\}$ 的作用下,质点由原点沿直线运动到椭球面 $\dfrac{x^2}{a^2} + \dfrac{y^2}{b^2} + \dfrac{z^2}{c^2} = 1$ 上的第一卦限的点 $M(\xi, \eta, \gamma)$. 问当 ξ, η, γ 取何值时力 F 所做功 W 最大?

第二节　格林公式

掌握格林公式的条件、结论及应用.

典型例题

例 1　计算 $I = \int_L [\mathrm{e}^x \sin y - b(x+y)] \mathrm{d}x + (\mathrm{e}^x \cos y - ax) \mathrm{d}y$,其中 a, b 为正的常数,L 为从点 $A(2a, 0)$ 沿曲线 $y = \sqrt{2ax - x^2}$ 到点 $O(0,0)$ 的有向弧段.

分析　本题若将 L 的显式方程或参数方程代入积分表达式直接计算,都难以进行,故考虑用格林公式间接计算.

解　$\dfrac{\partial Q}{\partial x} = \mathrm{e}^x \cos y - a$,　$\dfrac{\partial P}{\partial y} = \mathrm{e}^x \cos y - b$,　$\dfrac{\partial Q}{\partial x} - \dfrac{\partial P}{\partial y} = b - a$,

故化为二重积分计算较简便，为此添加辅助线段 $\overline{OA}$，$\overline{OA}$ 与 L 构成闭曲线，它所围的区域记作 D，则有

$$I = \left(\oint_{\overline{OA}+L} - \int_{\overline{OA}}\right) [e^x \sin y - b(x+y)] dx + (e^x \cos y - ax) dy = I_1 - I_2$$

由格林公式

$$I_1 = \iint_D \left(\frac{\partial Q}{\partial x} - \frac{\partial P}{\partial y}\right) dx dy = \iint_D (b-a) dx dy = (b-a) \cdot \frac{\pi a^2}{2}$$

由于 $\overline{OA}$ 在 x 轴上，$y=0$，$dy=0$，故

$$I_2 = \int_0^{2a} (-bx) dx = -2a^2 b$$

于是 $I = I_1 - I_2 = \left(\frac{\pi}{2}+2\right)a^2 b - \frac{\pi}{2}a^3$.

A 类题

1. 回答下列问题：

(1) 什么是单连通区域和复连通区域？其区域边界曲线的正向如何规定的？

(2) 格林公式成立的条件是什么？

(3) 运用格林公式计算第二型曲线积分应注意哪些问题？

2. 用两种方法(直接法和格林公式法)计算曲线积分 $\oint_L (x^2 - xy^3)dx + (y^2 - 2xy)dy$，其中 L 是以 $O(0,0), A(2,0), B(2,2)$ 和 $C(0,2)$ 为顶点的正方形的正向边界.

3. $\int_L (e^x \sin y - my)dx + (e^x \cos y - mx)dy$，其中 m 为常数，L 是摆线 $x = a(t - \sin t), y = a(1 - \cos t)$ 上由点 $(0,0)$ 到点 $(\pi a, 2a)$ 的一段弧.

4. $\oint_L \left(1 - \frac{y^2}{x^2}\cos\frac{y}{x}\right)dx + \left(\sin\frac{y}{x} + \frac{y}{x}\cos\frac{y}{x} + x^2\right)dy$，其中 L 由 $x^2 + y^2 = 2y$，$x^2 + y^2 = 4y, x = \sqrt{3}y, x = \frac{1}{\sqrt{3}}y$ 正向所围成.

5. 利用曲线积分求下列曲线所围成的图形的面积：
(1) 星形线 $x = a\cos^3 t, y = a\sin^3 t$；

(2) 圆 $x^2+y^2=2ax$.

B 类题

1. 证明:若 L 为平面上封闭曲线,l 为任意方向向量,则 $\oint_L \cos(\widehat{l,n})\,ds=0$,其中 n 为曲线 L 的外法线方向.

2. 求 $\int_L (e^x\sin y - my)\,dx + (e^x\cos y - mx)\,dy$,其中 L 为自原点到点 $A(a,0)$ 的半圆周 $y=\sqrt{ax-x^2}$,$a>0$.

3. 计算 $I=\oint_L \dfrac{x\,dy - y\,dx}{4x^2+y^2}$,$L$ 为正向圆周 $x^2+(y-1)^2=R^2(R\neq 1)$(提示:需分别讨论 $0<R<1,R>1$ 的情形).

第三节　平面曲线积分与路径无关的条件、保守场

理解并会用平面曲线积分与路径无关的条件，会判定 $P\mathrm{d}x+Q\mathrm{d}y$ 是否为全微分，并会求出 $u(x,y)$，使得 $\mathrm{d}u=P\mathrm{d}x+Q\mathrm{d}y$.

1. 平面上曲线积分与路径无关的条件；$P\mathrm{d}x+Q\mathrm{d}y$ 是某个二元函数的全微分的充要条件；

2. 二元函数的全微分求解.

例　计算曲线积分：$\int_L (x^2-y)\mathrm{d}x-(x+\sin^2 y)\mathrm{d}y$，其中 L 是在圆周 $y=\sqrt{2x-x^2}$ 上由点 $(0,0)$ 到 $(1,1)$ 的一段弧.

解　由于 $P=(x^2-y)$，$Q=-(x+\sin^2 y)$ 在整个 xOy 面内具有一阶连续偏导数，且

$$\frac{\partial Q}{\partial x}=-1=\frac{\partial P}{\partial y}.$$

故所给曲线积分与路径无关，将原积分路径 L 改变为从 $(0,0)$ 到 $(1,1)$ 的折线路径 L_1+L_2，其中 $L_1:y=0$，x 从 0 变到 1；$L_2:x=1$，y 从 0 变到 1，则

$$\text{原式}=\int_0^1 x^2 \mathrm{d}x-\int_0^1 (1+\sin^2 y)\mathrm{d}y=\frac{1}{4}\sin 2-\frac{7}{6}.$$

A 类题

1. 回答下列问题：

(1) 向量场的积分与积分路径无关的定义是什么？

(2) 什么是保守场？保守场有何重要性质？

(3) 什么是势函数？如何求势函数？

2. 验证下列积分与路径无关，并求它们的值：

(1) $\int_{(2,1)}^{(1,2)} \dfrac{y\,dx - x\,dy}{x^2}$，沿在右平面的路线；

(2) $\int_{(0,0)}^{(x,y)} (2x\cos y - y^2\sin x)\,dx + (2y\cos x - x^2\sin y)\,dy$；

(3) $\int_{(0,0)}^{(1,1)} \varphi(x)\,dx + \varphi(y)\,dy$，其中 φ 为连续函数.

3. 验证下列 $P(x,y)\,dx + Q(x,y)\,dy$ 在整个 xOy 平面内是某一函数 $u(x,y)$ 的全微分，并求出相应的 $u(x,y)$.

(1) $2xy\,dx + x^2\,dy$；

(2) $(2x\cos y + y^2\cos x)\,dx + (2y\sin x - x^2\sin y)\,dy$.

4. 设函数 $f(u)$ 具有一阶连续导数，证明对任何光滑封闭曲线 L，有 $\oint_L f(xy)(y\,dx + x\,dy) = 0$.

B 类题

1. 证明：曲线积分 $\int_L (x^4+4xy^3)\mathrm{d}x+(6x^2y^2-5y^4)\mathrm{d}y$ 与路径无关，并求

$$\int_{(-2,-1)}^{(3,0)} (x^4+4xy^3)\mathrm{d}x+(6x^2y^2-5y^4)\mathrm{d}y.$$

2. 设 $\int_L xy^2\mathrm{d}x+y\varphi(x)\mathrm{d}y$ 与积分路径无关，其中 $\varphi(x)\in C^1$，且 $\varphi(0)=0$，计算 $\int_{(0,0)}^{(1,1)} xy^2\mathrm{d}x+y\varphi(x)\mathrm{d}y$ 的值.

C 类题

1. 选取 a,b 使 $\dfrac{(y^2+2xy+ax^2)\mathrm{d}x-(x^2+2xy+by^2)\mathrm{d}y}{(x^2+y^2)^2}$ 为某一函数 $u(x,y)$ 的全微分，并求出 $u(x,y)$.

2. 设 $\boldsymbol{n}$ 为闭曲线 L 的朝外的法向量，D 为 L 所围成的闭区域，函数 $u(x,y)$ 有二阶连续偏导数. 证明：

$$\oint_L \frac{\partial u}{\partial \boldsymbol{n}}\mathrm{d}s = \iint_D \left(\frac{\partial^2 u}{\partial x^2}+\frac{\partial^2 u}{\partial y^2}\right)\mathrm{d}x\mathrm{d}y.$$

第六章　常微分方程（一）

第一节　微分方程的基本概念

了解微分方程及其解、通解、初始条件和特解以及积分曲线等的概念，会验证某函数是否为微分方程的解．

1. 微分方程的基本概念，什么是微分方程的阶，什么是微分方程的解，通解的定义和特解的定义；
2. 微分方程的初始条件和初值问题，利用初始条件确定通解中的任意常数从而得到特解；
3. 积分曲线．

例 1　验证 $y=\sin(x+C)$ 是微分方程 $(y')^2+y^2-1=0$ 的通解，并验证 $y=\pm 1$ 也是解．

分析　将 $y=\sin(x+C)$ 代入方程验证即可．

解　因 $y=\sin(x+C), y'=\cos(x+C)$，故
$$(y')^2+y^2-1=\cos^2(x+C)+\sin^2(x+C)-1=0$$
即 $y=\sin(x+C)$ 是微分方程 $(y')^2+y^2-1=0$ 的解，又因为解中含有一个任意的常数，与方程的阶数相同，所以它是通解；$y=\pm 1, y'=0$，显然满足 $(y')^2+y^2-1=0$，故 $y=\pm 1$ 也是原方程的解（奇解）．

例 2　求一微分方程，使其通解满足题给条件 $y=Ce^{\arcsin x}$．

分析　利用求导消去任意常数即可．

解　对通解求导，得 $y'=\dfrac{Ce^{\arcsin x}}{\sqrt{1-x^2}}$，即 $y'=\dfrac{y}{\sqrt{1-x^2}}$

故所求的微分方程为 $y'\sqrt{1-x^2}-y=0$．

A 类题

1. 一曲线经过点 $(1,2)$，且曲线上任意一点 (x,y) 处的切线斜率等于该点的横坐标，试确定此曲线的方程.

2. 验证下列各题中的函数或隐函数是否为所给微分方程的解：

(1) $y'' - 2y' + y = 0, y = x^2 e^x$；

(2) $y'' - (\lambda_1 + \lambda_2)y' + \lambda_1 \lambda_2 y = 0, y = C_1 e^{\lambda_1 x} + C_2 e^{\lambda_2 x}$；

(3) $(x - 2y)y' = 2x - y, x^2 - xy + y^2 = C$；

(4) $(xy-x)y''+x(y')^2+yy'-2y'=0, y=\ln(xy)$.

3. 在下列各题中确定其中的参数,使得函数满足所给的初始条件:

(1) $x^2-y^2=C, y|_{x=0}=5$；

(2) $y=(C_1+C_2x)e^{2x}, y(0)=1, y'(0)=2$.

4. 设曲线上任一点(x,y)的切线在两坐标轴间线段均被切点平分. 试求曲线所满足的微分方程.

B 类题

1. 质量为 M 的物体自离液面 h 的高度自由落下,已知物体在液体中受的阻力与运动速度成正比,用微分方程表示物体在液体中运动速度与时间的关系,并写出初始条件.

2. 长度为 6m,单位长度质量为 p 的链自桌上滑下,运动开始时,链自桌上垂下部分有 1m 长,试求下滑的长度与时间 t 的函数所满足的微分方程和初始条件.

第二节 一阶微分方程

了解一阶微分方程(变量可分离方程,齐次微分方程,一阶线性微分方程及恰当方程)的基本概念,会对一阶微分方程进行求解,了解一阶方程的初等变换及积分因子法求解.

1. 一阶微分方程的概念,包括变量可分离方程,齐次微分方程,一阶线性微分方程及恰当方程的概念;
2. 利用初等变换法和积分因子法求解一阶微分方程;
3. 验证一阶微分方程的初值问题解的存在性与唯一性.

例 1 求微分方程 $2yy'+2xy^2=xe^{-x^2}$ 的通解.

解 方程可化为 $(y^2)'+2xy^2=xe^{-x^2}$,

若令 $y^2=u$,则原方程化为线性方程 $u'+2xu=xe^{-x^2}$,

故由公式得

$$u=e^{-\int 2x\,dx}\left(\int xe^{-x^2}e^{\int 2x\,dx}\,dx+C\right)=e^{-x^2}\left(\frac{1}{2}x^2+C\right)$$

所以方程的通解为

$$y^2=e^{-x^2}\left(\frac{1}{2}x^2+C\right),\ C\text{ 为任意常数}.$$

例 2 设 $f(x)$ 为可导函数,且满足方程 $\int_0^x tf(t)\,dt=f(x)-x^2$,求 $f(x)$.

分析 积分符号下含有未知函数的方程称为积分方程,积分方程的求解往往先转化为微分方程,然后求解,此方程只要两端分别对 x 求导即可转化为微分方程.

解 方程两端分别对 x 求导,得

$$xf(x)=f'(x)-2x,\ \text{且}\ f(0)=0$$

方程为可分离变量方程,也是关于 $f(x)$ 的一阶线性微分方程.分离变量并积分,有

$$\int\frac{df(x)}{2+f(x)}=\int x\,dx$$

解得

$$\ln[2+f(x)]=\frac{1}{2}x^2+C$$

由 $f(0)=0$,有 $C=\ln 2$,所以

$$\ln[2+f(x)] = \frac{1}{2}x^2 + \ln 2$$

整理得
$$f(x) = 2e^{x^2/2} - 2.$$

A 类题

1. 求下列微分方程的通解：

(1) $(x+1)y' + 1 = 2e^{-y}$；

(2) $y' = 2^{x+y}$；

(3) $(e^{x+y} - e^x)dx + (e^{x+y} + e^y)dy = 0$；

(4) $e^{-x}dy - (2x + ye^{-x})dx = 0$.

2. 求下列微分方程的通解：

(1) $(x^2 + y^2)y' = 2xy$；

(2) $y' + y\tan x = \sec x$；

(3) $y' = \dfrac{y}{2y\ln y + y - x}$；

(4) $e^{-x}dy - (2x + ye^{-x})dx = 0$.

3. 求下列微分方程的通解：

(1) $y' + f'(x)y = f(x)f'(x)$，$f'(x)$ 为已知连续函数；

(2) $y' = \dfrac{y-x+1}{y+x+5}$;

(3) $(x^2+1)\dfrac{dy}{dx} + 2xy = 4x^2$.

4.求解下列微分方程：
(1) $(3x^2 + 2xe^{-y})dx + (3y^2 - x^2e^{-y})dy = 0$；　(2) $2xy\,dx + (x^2 - y^2)dy = 0$.

5.求解下列微分方程：
(1) $(2x+y-4)dx + (x+y-1)dy = 0$；　　(2) $y' = \sin^2(x-y+1)$；

(3) $y' + \dfrac{1}{x}y = x^2 y^6$；　　(4) $\dfrac{dy}{dx} + y = y^2(\cos x - \sin x)$.

6.用积分因子法求解下列方程：
(1) $(3x - 2y + 2y^2)dx + (2xy - x)dy = 0$；

(2) $(y+xy+\sin y)dx+(x+\cos y)dy=0$.

B 类题

1. 求方程 $y'=\dfrac{y^2-x}{2y(x+1)}$ 的通解.

2. 已知 $f(x)$ 可微且满足 $f(0)=-\dfrac{1}{2}$，同时使得曲线积分 $\int_L [e^x+f(x)]y\,dx-f(x)\,dy$ 与路径无关，求函数 $f(x)$.

3. 曲线 $y=f(x)$（函数 $f(x)\geqslant 0, f(0)=0$）围成一以 $[0,x]$ 为底的曲边梯形，其面积与 $f(x)$ 的 $n+1$ 次幂成正比，已知 $f(1)=1$，求这条曲线的方程.

4. 设有连接点 $O(0,0)$ 和 $A(1,1)$ 的一段向上凸的曲线弧 $\overset{\frown}{OA}$，对于曲线弧 $\overset{\frown}{OA}$ 上任一点 $P(x,y)$ 曲线弧 $\overset{\frown}{OP}$ 与直线段 $\overline{OP}$ 所围面积为 x^2，求曲线弧 $\overset{\frown}{OA}$ 的方程.

5. 在过原点和点(2,3)的单调光滑曲线上任取一点作两坐标轴的平行线,其中一条平行线与 x 轴和曲线围成的面积是另一条平行线与 y 轴和曲线围成面积的两倍,求该曲线方程.

C 类题

设 $y=e^x$ 是微分方程 $xy'+p(x)y=x$ 的一个解,求此微分方程满足初始条件 $y(\ln 2)=0$ 的特解.

参考答案

第一章 向量代数

第一节 向量及其线性运算

A 类题

1. (1) $(1,1,\frac{3}{2}),5$； (2) $(0,0,-1)$； (3) (x,y,z) 或 $\{x,y,z\}$；
   (4) $\pm\left\{\frac{2}{\sqrt{65}},\frac{5}{\sqrt{65}},\frac{-6}{\sqrt{65}}\right\}$； (5) $(1,-2,-2),(3,-6,-6)$； (6) $\sqrt{33}$； (7) $1,2$.

2. $(\pm\frac{\sqrt{2}}{2}a,0,0),(0,\pm\frac{\sqrt{2}}{2}a,0),(\pm\frac{\sqrt{2}}{2}a,0,a),(0,\pm\frac{\sqrt{2}}{2}a,a)$.

3. (1) $xoy:(x,y,-z),yoz:(-x,y,z),xoz:(x,-y,z)$；
   (2) $x:(x,-y,-z),y:(-x,y,-z),z:(-x,-y,z)$；
   (3) $o(0,0,0):(-x,-y,-z)$.

4. (1) 0 或 -8； (2) $(\frac{5}{2},0,-2)$ 或 $(\frac{5}{2},0,-6)$.

5. $2\pm 2\sqrt{2}$.   6. $|\overrightarrow{AB}|=2,\cos\alpha=-\frac{1}{2},\cos\beta=\frac{\sqrt{2}}{2},\cos\gamma=\frac{1}{2},\alpha=\frac{2\pi}{3},\beta=\frac{\pi}{4},\gamma=\frac{\pi}{3}$.

7. $\left(0,\frac{14}{9},0\right)$.

B 类题

1. $(-2,3,0),9,\cos\alpha=\frac{4}{9},\cos\beta=-\frac{4}{9},\cos\gamma=\frac{7}{9}$.   2. $(18,17,-17)$.

3. $(\frac{2\sqrt{3}}{3},\frac{2\sqrt{3}}{3},\frac{2\sqrt{3}}{3})$.   4. 略.

第二节 数量积、向量积、混合积

A 类题

1. (1)×；(2)×；(3)×；(4)×；(5)×；(6)×.

2. (1) $7i-7j+14k,\frac{\sqrt{6}}{6}$； (2) $\frac{5\pi}{6}$； (3) -8； (4) 4； (5) -6.

3. (1) B； (2) A； (3) B； (4) D； (5) B.   4. $(-6,2,-2)$.   5. 0.   6. $2\sqrt{10}$.

7. $\text{Prj}_v u=|u|\cos\theta=\frac{-10}{|v|}=\frac{-10}{\sqrt{11}}$；$u$ 在 v 上的分向量为 $-\frac{10}{11}\{-3,-1,1\}$.   8. $\pm\frac{1}{\sqrt{35}}(3,1,5)$.

B 类题

1. 略.   2. p.

3. (1) $\angle M_1M_2M_3 = \dfrac{\pi}{3}$; (2) $\pm \dfrac{\overrightarrow{M_1M_2} \times \overrightarrow{M_2M_3}}{|\overrightarrow{M_1M_2} \times \overrightarrow{M_2M_3}|} = \pm(\dfrac{1}{\sqrt{3}}, \dfrac{-1}{\sqrt{3}}, \dfrac{-1}{\sqrt{3}})$.

4. (1) $|\boldsymbol{a}| = \sqrt{2^2+1+1} = \sqrt{6}$, $|\boldsymbol{b}| = \sqrt{1+2^2+1} = \sqrt{6}$, $\theta = \arccos\dfrac{1}{6}$ 或 $\pi - \arccos\dfrac{1}{6}$;

(2) $|\boldsymbol{c}_1| = |\boldsymbol{a}+\boldsymbol{b}| = \sqrt{10}$, $|\boldsymbol{c}_2| = |\boldsymbol{a}-\boldsymbol{b}| = \sqrt{14}$, $\alpha = \dfrac{\pi}{2}$.

5. 略.

C 类题

1. $\boldsymbol{c} = \dfrac{\sin\theta}{|\boldsymbol{a}|}(\boldsymbol{a}\times\boldsymbol{b}) + \cos\theta\,\boldsymbol{b}$. **2.** 略. **3.** 略.

第二章 无穷级数(一)

第一节 数项级数的收敛与发散

A 类题

1. 略. **2.** (1) 收敛; (2) 收敛; (3) 发散; (4) 收敛; (5) 发散. **3.** 提示:反证.

4. 略.

B 类题

1. 略. **2.** 略.

第二节 正项级数

A 类题

1. 略. **2.** (1) 收敛; (2) 收敛; (3) 发散; (4) 收敛. **3.** (1) 收敛; (2) 收敛; (3) 收敛; (4) 收敛; (5) $a>1$ 时收敛, $1 \geqslant a > 0$ 时发散; (6) 发散.

4. (1) 收敛; (2) 收敛; (3) 收敛; (4) 收敛; (5) 收敛; (6) 发散.

5. (1) 收敛; (2) 收敛; (3) 收敛; (4) 收敛.

B 类题

1. (1) 收敛; (2) 收敛; (3) 发散; (4) 收敛; (5) 发散; (6) 发散; (7) 收敛; (8) 收敛;
(9) $|a| \neq 1$ 时收敛, $|a|=1$ 时发散; (10) $b<a$ 时收敛, $b>a$ 时发散, $b=a$ 时不能确定.

2. 略. **3.** 略. **4.** 略. **5.** 略.

第三节 一般级数

A 类题

1. 略. **2.** (1) ×; (2) ×; (3) √; (4) ×; (5) √; (6) ×; (7) ×; (8) ×.

3. (1) 条件收敛; (2) 绝对收敛; (3) 绝对收敛; (4) 条件收敛; (5) 条件收敛;
(6) 条件收敛. **4.** 略. **5.** 略. **6.** 条件收敛.

B 类题

1. 略. **2.** 略.

第四节　函数项级数的基本概念

A 类题

1. 略.　　**2.** 提示：(1) $\left|\dfrac{\cos nx}{2^n}\right| \leqslant \dfrac{1}{2^n}$；　(2) $\left|\dfrac{\sin nx}{n^2}\right| \leqslant \dfrac{1}{n^2}$；　(3) $\left|\dfrac{x^n}{n^{3/2}}\right| \leqslant \dfrac{1}{n^{3/2}}$；

(4) $\left|\dfrac{(-1)^n(1-e^{-nx})}{n^2+x^2}\right| \leqslant \dfrac{1}{n^2}$.

3. (1) 利用莱布尼茨定理中的余项估计，$|r_n(x)| \leqslant \dfrac{1}{n^2}$；　(2) 该级数不收敛.

B 类题

1. 和函数 $S(x) = \dfrac{x^2}{e^x - 1}$，直接利用 Weierstrass 判别法.　　**2.** 略.

第三章　　多元函数的微分学(一)

第一节　多元函数的极限与连续

A 类题

1. (1) $\dfrac{x^2 - y^2}{2x}$；　(2) 0；　(3) $\dfrac{xy}{x^2 + y^2}$.　　**2.** (1) C；　(2) A；　(3) C.　　**3.** 略.

4. $f(x) = \sqrt{1+x^2}$.

B 类题

1. (1) $\dfrac{1}{2}$；　(2) 0；　(3) 1.　　**2.** 略.

第二节　偏导数和全微分

A 类题

1. (1) $3\cos 5$；　(2) 必要；充分；　(3) $y e^{xy} dx + x e^{xy} dy$；　(4) $dx + dy$.

2. (1) D；　(2) C；　(3) D；　(4) D.

3. (1) $z_x = 2x \ln(x^2 + y^2) + \dfrac{2x^3}{x^2 + y^2}$，　$z_y = \dfrac{2yx^2}{x^2 + y^2}$；

(2) $z_x = \dfrac{x-y}{x^2+y^2}$，　$z_y = \dfrac{x+y}{x^2+y^2}$；

(3) $z_x = y^x \ln y \cdot \ln xy + \dfrac{1}{x} y^x$，　$z_y = xy^{x-1} \ln(xy) + \dfrac{1}{y} y^x$.

4. $du = dx + \left(\dfrac{1}{2}\cos\dfrac{y}{2} + z e^{yz}\right) dy + y e^{yz} dz$.　　**5.** 略.

B 类题

略.

C 类题

略.

第三节 复合函数的微分法

A 类题

1. (1) $\dfrac{(t-2)e^t}{t^3}\cos\dfrac{e^t}{t^2}$; (2) $4x\cos(x^2-2y)$; (3) $\dfrac{u-v}{u^2+v^2}$.

2. $\dfrac{\partial z}{\partial x}=\dfrac{\partial z}{\partial u}\dfrac{\partial u}{\partial x}+\dfrac{\partial z}{\partial v}\dfrac{\partial v}{\partial x}=\dfrac{1}{2}\sqrt{\dfrac{y}{x}}\dfrac{\partial z}{\partial u}+\dfrac{1}{y}\dfrac{\partial z}{\partial v}$;

$\dfrac{\partial z}{\partial y}=\dfrac{\partial z}{\partial u}\dfrac{\partial u}{\partial y}+\dfrac{\partial z}{\partial v}\dfrac{\partial v}{\partial y}=\dfrac{1}{2}\sqrt{\dfrac{x}{y}}\dfrac{\partial z}{\partial u}-\dfrac{x}{y^2}\dfrac{\partial z}{\partial v}$;

$dz=\dfrac{\partial z}{\partial x}dx+\dfrac{\partial z}{\partial y}dy=\left[\dfrac{1}{2}\sqrt{\dfrac{y}{x}}\dfrac{\partial z}{\partial u}+\dfrac{1}{y}\dfrac{\partial z}{\partial v}\right]dx+\left[\dfrac{1}{2}\sqrt{\dfrac{x}{y}}\dfrac{\partial z}{\partial u}-\dfrac{x}{y^2}\dfrac{\partial z}{\partial v}\right]dy$.

3. $\dfrac{\partial z}{\partial \xi}=\dfrac{\partial z}{\partial u}\cdot\dfrac{\partial u}{\partial \xi}+\dfrac{\partial z}{\partial v}\cdot\dfrac{\partial v}{\partial \xi}+\dfrac{\partial z}{\partial w}\cdot\dfrac{\partial w}{\partial \xi}=-\dfrac{\partial z}{\partial v}+\dfrac{\partial z}{\partial w}$,

$\dfrac{\partial z}{\partial \eta}=\dfrac{\partial z}{\partial u}\cdot\dfrac{\partial u}{\partial \eta}+\dfrac{\partial z}{\partial v}\cdot\dfrac{\partial v}{\partial \eta}+\dfrac{\partial z}{\partial w}\cdot\dfrac{\partial w}{\partial \eta}=\dfrac{\partial z}{\partial u}-\dfrac{\partial z}{\partial w}$,

$\dfrac{\partial z}{\partial \zeta}=\dfrac{\partial z}{\partial u}\cdot\dfrac{\partial u}{\partial \zeta}+\dfrac{\partial z}{\partial v}\cdot\dfrac{\partial v}{\partial \zeta}+\dfrac{\partial z}{\partial w}\cdot\dfrac{\partial w}{\partial \zeta}=-\dfrac{\partial z}{\partial u}+\dfrac{\partial z}{\partial v}$.

4. $\dfrac{\partial z}{\partial x}=e^{xy}[y\sin(x+y)+\cos(x+y)]+e^{x+y}(\cos xy-y\sin xy)$

$\dfrac{\partial z}{\partial y}=e^{xy}[x\sin(x+y)+\cos(x+y)]+e^{x+y}(\cos xy-x\sin xy)$

5. $\dfrac{\partial w}{\partial x}=\dfrac{\partial f}{\partial u}\dfrac{\partial u}{\partial x}+\dfrac{\partial f}{\partial v}\dfrac{\partial v}{\partial x}=f'_1+yzf'_2$

$\dfrac{\partial^2 w}{\partial x\partial z}=\dfrac{\partial}{\partial z}(f'_1+yzf'_2)=f''_{11}+xyf''_{12}+yf'_2+yz(f''_{21}+xyf''_{22})$

$=yf'_2+f''_{11}+y(x+z)f''_{12}+xy^2zf''_{22}$.

6. (1) $\dfrac{\partial^2 z}{\partial x^2}=-\sin(x+2y)$, $\dfrac{\partial^2 z}{\partial y^2}=-4\sin(x+2y)$, $\dfrac{\partial^2 z}{\partial x\partial y}=-2\sin(x+2y)$;

(2) $\dfrac{\partial^2 z}{\partial x^2}=-\dfrac{1}{x^2}$, $\dfrac{\partial^2 z}{\partial y^2}=-\dfrac{1}{y^2}$, $\dfrac{\partial^2 z}{\partial x\partial y}=0$.

7. $dz=\dfrac{\partial z}{\partial u}du+\dfrac{\partial z}{\partial v}dv=e^{xy}[y\sin(x+y)+\cos(x+y)]dx+e^{xy}[x\sin(x+y)+\cos(x+y)]dy$.

B 类题

$\dfrac{\partial z}{\partial x}=\dfrac{yz+y}{e^z-xy}$, $\dfrac{\partial z}{\partial y}=\dfrac{xz+x}{e^z-xy}$, $\dfrac{\partial x}{\partial y}=-\dfrac{xz+x}{yz+y}$

C 类题

略.

第四节 方向导数与梯度

1. (1) $(\dfrac{1}{3},\dfrac{-1}{3},\dfrac{2}{3})$; (2) $-\dfrac{9\sqrt{3}}{2}$; (3) $-\dfrac{1}{\sqrt{2}}$.   2. (1) B; (2) D; (3) B.

3. 0.　　**4.** -1.　　**5.** $\dfrac{1}{6}$.　　**6.** $\dfrac{16}{\sqrt{6}}$.

B 类题

1. $\pm\sqrt{2}$.　　**2.** 0.　　**3.** $\dfrac{\pm 18}{\sqrt{14}}$.

第四章　重积分

第一节　二重积分的概念

A 类题

1. $Q = \iint\limits_{D}\mu(x,y)\mathrm{d}\sigma$；　**2.** (1) $I = \dfrac{2}{3}\pi$；(2) $I = 0$.　**3.** (1) $0 \leqslant I \leqslant 2$；(2) $0 \leqslant I \leqslant \pi^2$.

B 类题

1. $I_2 \leqslant I_1 \leqslant I_3 \leqslant I_4$；　**2.** $\lim\limits_{R\to 0}\dfrac{1}{R^2}\pi R^2 f(\xi,\eta) = \lim\limits_{(\xi,\eta)\to(0,0)}\pi f(\xi,\eta) = \pi f(0,0)$.

第二节　二重积分的计算

A 类题

1. $\dfrac{1}{\mathrm{e}}$；　**2.** $\ln\dfrac{4}{3}$；　**3.** $\dfrac{15}{8}$.

4. (1) $\int_0^1 \mathrm{d}x \int_{x-1}^{1-x} f(x,y)\mathrm{d}y$ 或 $\int_{-1}^0 \mathrm{d}y \int_0^{1+y} f(x,y)\mathrm{d}x + \int_0^1 \mathrm{d}y \int_0^{1-y} f(x,y)\mathrm{d}x$；

(2) $\int_1^2 \mathrm{d}x \int_{x/2}^{2x} f(x,y)\mathrm{d}y + \int_2^4 \mathrm{d}x \int_{x/2}^{2/x} f(x,y)\mathrm{d}y$ 或 $\int_{1/2}^1 \mathrm{d}y \int_{y/2}^{2y} f(x,y)\mathrm{d}x + \int_1^2 \mathrm{d}y \int_{y/2}^{2/y} f(x,y)\mathrm{d}x$.

5. (1) $\int_0^1 \mathrm{d}y \int_{\mathrm{e}^y}^{\mathrm{e}} f(x,y)\mathrm{d}x$；　(2) $\int_0^1 \mathrm{d}y \int_{\sqrt{y}}^{3-2y} f(x,y)\mathrm{d}x$；

(3) $\int_0^a \mathrm{d}y \int_{y^2/a}^{a-\sqrt{a^2-y^2}} f(x,y)\mathrm{d}x + \int_0^a \mathrm{d}y \int_{a+\sqrt{a^2-y^2}}^{2a} f(x,y)\mathrm{d}x + \int_a^{2a} \mathrm{d}y \int_{y^2/2a}^{2a} f(x,y)\mathrm{d}x$.

6. $1/2$；　**7.** (1) $\int_0^{\pi/2} \mathrm{d}\theta \int_0^{2R\sin\theta} f(r\cos\theta, r\sin\theta)r\mathrm{d}r$；　(2) $\int_0^{\pi/2} \mathrm{d}\theta \int_0^R f(r^2) r \mathrm{d}r$.

B 类题

1. (1) $\dfrac{\pi}{4}(2\ln 2 - 1)$；(2) $\dfrac{3\pi^2}{64}$.　**2.** $\dfrac{20}{3} - \dfrac{\pi}{4}$.　**3.** $\dfrac{\arctan k}{3}R^3$.　**4.** (1) $\dfrac{\pi^4}{3}$；(2) $\dfrac{7}{3}\ln 2$；(3) $\dfrac{\mathrm{e}-1}{2}$.

第三节　广义二重积分

1. $\dfrac{\pi}{\mathrm{e}}$.　　**2.** $\dfrac{5}{144}$.

第四节　三重积分的概念及计算

A 类题

1. 直角系：$I = \int_{-2}^{2} \mathrm{d}x \int_{-\sqrt{4-x^2}}^{\sqrt{4-x^2}} \mathrm{d}y \int_{x^2+y^2}^{6-x^2-y^2} xyz\,\mathrm{d}z$；　柱面系：$I = \int_0^{2\pi} \cos\theta\sin\theta\,\mathrm{d}\theta \int_0^2 r^3 \mathrm{d}r \int_r^{6-r^2} z\,\mathrm{d}z$；

球面系：$I = \int_0^{2\pi} \cos\theta \sin\theta \, d\theta \int_0^{\pi/4} \sin^3\varphi \cos\varphi \, d\varphi \int_0^{r_1} r^5 \, dr$，其中 $r_1 = \dfrac{-\cos\varphi + \sqrt{1 + 23\sin^2\varphi}}{2\sin^2\varphi}$.

2. $I = 2\pi$.

B 类题

1. (1) $\dfrac{21\pi}{4}$； (2) $(\dfrac{2\sqrt{2}}{3} - \dfrac{1}{2})\pi$. **2.** (1) $\dfrac{59\pi R^5}{480}$； (2) $\dfrac{2}{15}\pi ab^3 c$.

3. $2\pi t[\dfrac{h^3}{3} + hf(t^2)]$， $\pi[\dfrac{h^3}{3} + hf(0)]$. **4.** $\dfrac{\pi}{60}$.

第五节 重积分的应用

A 类题

1. (1) $\dfrac{7}{2}$； (2) $\dfrac{88}{105}$. **2.** $(\dfrac{35}{48}, \dfrac{35}{54})$. **3.** $(0, 0, \dfrac{3}{4})$. **4.** $I_x = \dfrac{1}{3}ab^3$，$I_y = \dfrac{1}{3}a^3 b$.

B 类题

1. $\bar{x} = 0$，$\bar{y} = 0$，$\bar{z} = \dfrac{\iiint_V z \, dx \, dy \, dz}{\iiint_V dx \, dy \, dz} = \dfrac{3}{8}c$. **2.** $\dfrac{8}{3}\pi$.

第五章 第二型曲线积分和曲面积分（一）

第一节 第二型曲线积分

A 类题

1. 略. **2.** (1) 1； (2) $\dfrac{17}{15}$； (3) $\dfrac{4}{3}$. **3.** πa^2. **4.** 0. **5.** $-2\pi a^2$. **6.** 2.

B 类题

1. 略. **2.** (1) $\int_L \dfrac{6x^2 y^2 + y^2}{\sqrt{1 + 4y^2}} \, ds$； (2) $\int_\Gamma \dfrac{P + 2xQ + 3yR}{\sqrt{1 + 4x^2 + 9y^2}} \, ds$. **3.** $\dfrac{1}{4}\sin 2 - \dfrac{7}{6}$.

C 类题

1. (1) 91； (2) $\dfrac{-1085}{4}$. **2.** $(\xi, \eta, \gamma) = (\dfrac{a}{\sqrt{3}}, \dfrac{b}{\sqrt{3}}, \dfrac{c}{\sqrt{3}})$.

第二节 格林公式

A 类题

1. 略. **2.** 8. **3.** $e^{\pi a} \sin 2a - 2m\pi a^2$. **4.** $\dfrac{14}{3}$. **5.** (1) $\dfrac{3}{8}\pi a^2$； (2) πa^2.

B 类题

1. 略. **2.** 0. **3.** 当 $0 < R < 1$ 时，$I = 0$；当 $R > 1$ 时，$I = \pi$.

第三节 平面曲线积分与路径无关的条件、保守场

A 类题

1. 略.   2. (1) $-\dfrac{3}{2}$;   (2) $y^2\cos x + x^2\cos y$;   (3) $2\displaystyle\int_0^1 \varphi(x)\,\mathrm{d}x$.

3. (1) $u(x,y) = x^2 y$;   (2) $u(x,y) = y^2\sin x + x^2\cos y$.   4. 略.

B 类题

1. 略.   2. $\dfrac{1}{2}$.

C 类题

1. $\dfrac{x-y}{x^2+y^2} + C$.   2. 提示：由方向导数、两类曲线积分间的关系及格林公式即证.

第六章 常微分方程（一）

第一节 微分方程的基本概念

A 类题

1. $y = \dfrac{1}{2}x^2 + \dfrac{3}{2}$.   2. 略.   3. 略.   4. $xy' + y = 0$.

B 类题

1. $mv'(t) = mg - kv(t)$, $v(0) = \sqrt{2gh}$.   2. $s'' = \dfrac{1}{6}g(1+s)$, $s(0) = 1, s'(0) = 0$.

第二节 一阶微分方程

A 类题

1. (1) $(1+x)\mathrm{e}^y = 2x + C$;   (2) $2^x + 2^{-y} = C$;   (3) $(\mathrm{e}^x+1)(\mathrm{e}^y-1) = C$;   (4) $\sin\dfrac{y}{x} = Cx$.

2. (1) $y^2 = x^2 + Cy$;   (2) $y = \cos x(C + \tan x)$;   (3) $x = \dfrac{C}{y} + y\ln y$;   (4) $y\mathrm{e}^{-x} - x^2 = C$.

3. (1) $y = C\mathrm{e}^{-f(x)} + f(x) - 1$;   (2) $\ln[(x+2)^2 + (y+3)^2] + 2\arctan\dfrac{y+3}{x+2} = C$;

   (3) $y = \dfrac{\dfrac{4}{3}x^3 + C}{x^2+1}$.

4. (1) $x^3 + y^3 + x^2\mathrm{e}^{-y} = C$;   (2) $x^2 y - \dfrac{y^3}{3} = C$.

5. (1) $2x^2 + 2xy + y^2 - 8x - 2y = C$;   (2) $\tan(x-y+1) = x + c$;

   (3) $y^{-5} = Cx^5 + \dfrac{5}{2}x^3$;   (4) $y = \dfrac{1}{C\mathrm{e}^x - \sin x}$, $y = 0$.

6. (1) $\mu(x) = x$, $x^2 + x^2 y^2 - x^2 y = C$;   (2) $\mu(x) = \mathrm{e}^x$, $\mathrm{e}^x(xy + \sin y) = C$.

B 类题

1. $y^2 = C(x+1) - (x+1)\ln(x+1) - 1.$
2. $f(x) = -\dfrac{1}{2}e^x.$
3. $f(x) = \sqrt[n]{x}.$
4. $y = -4x\ln x + x.$
5. $y^2 = \dfrac{9}{2}x.$

C 类题

$y = e^x - e^{e^{-x} + x - \frac{1}{2}}.$

工科数学分析练习与提高(四)
GONGKE SHUXUE FENXI LIANXI YU TIGAO
(第二版)

马晴霞 黄 娟 主编

中国地质大学出版社
ZHONGGUO DIZHI DAXUE CHUBANSHE

图书在版编目(CIP)数据

工科数学分析练习与提高.三、四(第二版)/马晴霞,黄娟主编. —武汉:中国地质大学出版社,2022.8(2024.7重印)
ISBN 978-7-5625-5392-2

Ⅰ.①工… Ⅱ.①马…②黄… Ⅲ.①数学分析-高等学校-习题集 Ⅳ.①O17-44

中国版本图书馆CIP数据核字(2022)第157643号

工科数学分析练习与提高(三)(四)(第二版)	马晴霞 黄 娟 主编
责任编辑:郑济飞	责任校对:谢媛华
出版发行:中国地质大学出版社(武汉市洪山区鲁磨路388号)	邮政编码:430074
电　话:(027)67883511　　传真:(027)67883580	E-mail:cbb@cug.edu.cn
经　销:全国新华书店	http://cugp.cug.edu.cn
开本:787毫米×1 092毫米 1/16	字数:197千字　印张:11.25
版次:2022年8月第2版　2018年7月第1版	印次:2024年7月第2次印刷
印刷:武汉中远印务有限公司	
ISBN 978-7-5625-5392-2	定价:40.00元(全2册)

如有印装质量问题请与印刷厂联系调换

前　言

本书是《工科数学分析(第二版)》的配套辅助教材,可作为高等学校"工科数学分析"与"高等数学"课程的教学参考书。该书具有以下特色。

(1)全书分为四册,其中第一册和第二册是《工科数学分析(第二版)》(上册)的配套教辅,第三册和第四册是《工科数学分析(第二版)》(下册)的配套教辅。

(2)第一册和第二册的主要内容有函数、极限、连续性,导数与微分,中值定理与导数的应用,一元函数的不定积分,一元函数的定积分;第三册和第四册的主要内容有向量代数与空间解析几何,无穷级数,重积分,第一型曲线积分和曲面积分,第二型曲线积分和曲面积分,常微分方程。

(3)该书精选各类型习题,题量适中。每分册中每节的习题分为A、B、C类。A类为基本练习,用于巩固基础知识和基本技能;B类和C类为加深和拓宽练习。

(4)每分册附有部分习题答案,以供参考。

本书的出版得到了中国地质大学(武汉)数学与物理学院领导及全体大学数学部老师的支持和帮助,他们分别是:李星、杨球、罗文强、田木生、肖海军、杨瑞琰、何水明、向东进、刘鲁文、李少华、肖莉、黄精华、李志明、余绍权、陈兴荣、王军霞、刘剑锋、杨迪威、邹敏、张玉洁、黄娟、马晴霞、杨飞、李卫峰、王元媛、陈荣三、乔梅红。谨在此向他们表示衷心的感谢!

由于编者水平有限,加之编写时间仓促,书中难免有不足之处,敬请广大读者批评指正!

编　者
2022年7月

目 录

第一章　空间解析几何 ··· (1)

　　第一节　平面与直线 ··· (1)

　　第二节　关于直线与平面的基本问题 ··· (6)

　　第三节　曲面和曲线 ··· (12)

第二章　无穷级数(二) ·· (17)

　　第一节　幂级数及其收敛性 ··· (17)

　　第二节　Taylor 级数 ·· (22)

　　第三节　周期函数的 Fourier 级数 ·· (24)

　　第四节　任意区间上的 Fourier 级数 ··· (28)

第三章　多元函数的微分学(二) ··· (31)

　　第一节　隐函数微分法 ··· (31)

　　第二节　多元函数的极值 ·· (35)

　　第三节　多元函数的条件极值 ·· (39)

　　第四节　偏导数的几何应用 ··· (43)

第四章　第一型曲线积分和曲面积分 ··· (49)

　　第一节　第一型曲线积分 ·· (49)

　　第二节　第一型曲面积分 ·· (54)

第五章　第二型曲线积分和曲面积分(二) ······································· (58)

　　第一节　第二型曲面积分 ·· (58)

　　第二节　高斯公式　通量与散度 ··· (63)

　　第三节　斯托克斯公式　环流量与旋度 ·· (67)

第六章　常微分方程(二) ·· (70)

　　第一节　二阶微分方程 ··· (70)

　　第二节　高阶微分方程 ··· (75)

参考答案 ··· (77)

第一章 空间解析几何

第一节 平面与直线

了解平面和直线的概念,会用向量代数的知识求解平面和直线的方程.

1. 平面的表示

	方程的形式	相关系数的意义
点法式方程	$A(x-x_0)+B(y-y_0)+C(z-z_0)=0$	$M(x_0,y_0,z_0)$ 为平面上一点, $\boldsymbol{n}=\{A,B,C\}$ 为平面的法向量
一般式	$Ax+By+Cz+D=0$	$\boldsymbol{n}=\{A,B,C\}$ 为平面的法向量
三点式方程	$\begin{vmatrix} x-x_1 & y-y_1 & z-z_1 \\ x_2-x_1 & y_2-y_1 & z_2-z_1 \\ x_3-x_1 & y_3-y_1 & z_3-z_1 \end{vmatrix}=0$	$M_1(x_1,y_1,z_1), M_2(x_2,y_2,z_2)$, $M_3(x_3,y_3,z_3)$ 为平面上的三点
截距式	$\dfrac{x}{a}+\dfrac{y}{b}+\dfrac{z}{c}=1$	a,b,c 分别为平面在 x,y,z 轴上的截距

2. 直线的表示

	方程的形式	相关系数的意义
参数式方程	$\begin{cases} x=x_0+mt \\ y=y_0+nt \\ z=z_0+pt \end{cases}$	$M(x_0,y_0,z_0)$ 为直线上一点, $\boldsymbol{s}=\{m,n,p\}$ 为直线的方向向量
标准方程(对称式)	$\dfrac{x-x_0}{m}=\dfrac{y-y_0}{n}=\dfrac{z-z_0}{p}$	$M(x_0,y_0,z_0)$ 为直线上一点, $\boldsymbol{s}=\{m,n,p\}$ 为直线的方向向量
一般式方程(两平面交线)	$\begin{cases} A_1x+B_1y+C_1z+D_1=0 \\ A_2x+B_2y+C_2z+D_2=0 \end{cases}$	直线的方向向量为 $\boldsymbol{s}=\{A_1,B_1,C_1\}\times\{A_2,B_2,C_2\}$
两点式方程	$\dfrac{x-x_1}{x_2-x_1}=\dfrac{y-y_1}{y_2-y_1}=\dfrac{z-z_1}{z_2-z_1}$	$M_1(x_1,y_1,z_1), M_2(x_2,y_2,z_2)$ 为直线上两点,直线的方向向量为 $\boldsymbol{s}=\{x_2-x_1,y_2-y_1,z_2-z_1\}$

 典型例题

例 1 求通过原点与直线 $\dfrac{x-3}{2}=\dfrac{y+4}{1}=\dfrac{z-4}{1}$ 的平面的方程.

解 设通过原点的平面方程为 $A(x-0)+B(y-0)+C(z-0)=0$,即
$$Ax+By+Cz=0 \tag{1}$$

又直线 $\dfrac{x-3}{2}=\dfrac{y+4}{1}=\dfrac{z-4}{1}$ 在平面上,则直线的方向向量 v 与平面法向量 n 垂直,所以
$$2A+B+C=0 \tag{2}$$

直线上的点 $(3,-4,4)$ 也在该平面上,则
$$3A-4B+4C=0 \tag{3}$$

联立 (2),(3) 式得
$$A=-\dfrac{8C}{11},\ B=\dfrac{5C}{11}$$

即 $8x-5y-11z=0$,这就是所求的平面方程.

例 2 求过点 $(-3,2,5)$ 且与两平面 $x-4z=3$ 和 $3x-y+z=1$ 平行的直线方程.

解 直线与两平面平行,则直线的方向向量垂直于这两平面法向量所确定的平面,即直线的方向向量为
$$v=n_1\times n_2=\begin{vmatrix} i & j & k \\ 1 & 0 & -4 \\ 3 & -1 & 1 \end{vmatrix}=-4i-13j-k$$

将已知点代入直线的标准方程得
$$\dfrac{x+3}{4}=\dfrac{y-2}{13}=\dfrac{z-5}{1}.$$

例 3 求经过点 $A(3,2,1)$ 和 $B(-1,2,-3)$ 且与坐标平面 xOz 垂直的平面方程.

解 与 xOy 平面垂直的平面平行于 y 轴,方程为
$$Ax+Cz+D=0 \tag{1}$$

把点 $A(3,2,1)$ 和点 $B(-1,2,-3)$ 代入上式得
$$3A+C+D=0 \tag{2}$$
$$-A-3C+D=0 \tag{3}$$

由 (2),(3) 得 $A=-\dfrac{D}{2},C=\dfrac{D}{2}$

代入 (1) 得 $-\dfrac{D}{2}x+\dfrac{D}{2}z+D=0$

消去 D 得所求的平面方程为 $x-z-2=0$.

A 类题

1. 判断题

(1) 若已知平面 α 的一个法向量 $\boldsymbol{a}(1,-2,4)$ 与 α 上一点 $A(3,5,1)$，就能确定平面 α 的方程. ( )

(2) 若向量 $\boldsymbol{a}(1,-2,4)$ 平行于平面 α 且点 $A(3,5,1)$，$B(2,6,7)$ 在 α 上，则能确定平面 α 的方程. ( )

(3) 若已知点 $A(1,2,3)$，$B(-2,5,0)$，$C(7,-4,9)$ 在平面 α 上，则能确定平面 α 的方程. ( )

(4) 若已知平面 α 与三条坐标轴的交点分别为 $X(3,0,0)$，$Y(0,-2,0)$，$Z(0,0,-5)$，则能确定平面 α 的方程. ( )

2. 填空题

(1) 垂直于向量 $\boldsymbol{a}(-2,5,0)$ 且到点 $A(-2,5,0)$ 的距离为 5 的平面的方程是 _____.

(2) 平面 $2x+3y+4z=12$ 与三坐标轴分别交于点 A,B,C，则 $\triangle ABC$ 的面积为 _____.

(3) 通过 z 轴和点 $A(1,3,2)$ 的平面方程是 _____.

(4) 一动点移动时与点 $A(3,4,2)$ 及坐标平面 yOz 等距离，则该点的轨迹方程为 _____.

3. 指出下列平面方程的位置特点，并作示意图：

(1) $y-3=0$；　(2) $3y+2z=0$；　(3) $x-2y+3z-8=0$.

4. 求下列平面的法向量：

(1) $2x+4y-5z=6$；　(2) $3(x-y)+2(z-x+1)=3(y-z)$.

5. 指出下列直线的方向向量：

(1) $\dfrac{x-1}{2}=\dfrac{y-2}{1}=\dfrac{z-3}{-3}$；

(2) $x=3t-1, y=-t+2, z=4-3t$；

(3) $\begin{cases} 2x+3y-z=6; \\ 4x-y+2z=2. \end{cases}$

6. 一平面过原点且垂直于平面 $\pi_1: x-y+z-7=0$ 与 $\pi_2: 3x+2y-12z+5=0$ 的交线，求它的方程．

7. 求过点 $M(3,1,-2)$ 且通过直线 $\dfrac{x-4}{5}=\dfrac{y+3}{2}=\dfrac{z}{1}$ 的平面方程．

8. 求过点$(1,2,3)$且平行于平面$2x+y+2z+5=0$的平面方程.

9. 用对称式方程以及参数式方程表示直线$\begin{cases}x-y+2z=3;\\3x+2y-z=5.\end{cases}$

10. 求过两点$A(1,2,3)$和$B(-1,0,2)$的直线的一般式方程.

11. 已知直线$L_1: x-1=\dfrac{y-2}{0}=\dfrac{z-3}{-1}$,直线$L_2: \dfrac{x+2}{2}=\dfrac{y-1}{1}=\dfrac{z}{1}$,求过$L_1$且平行$L_2$的平面方程.

第二节　关于直线与平面的基本问题

了解平面与平面、平面与直线、直线与直线间的几何位置关系,会利用平面、直线的相互关系解决有关问题.

1. 掌握点到直线以及点到平面距离的求法;
2. 平面与平面、平面与直线、直线与直线之间的夹角;
3. 会利用直线与直线、直线与平面、平面与平面之间平行、垂直、相交等关系解决有关问题;
4. 掌握平面束的概念及方程,能用平面束的性质解决有关问题;
5. 与投影有关的问题.

例 1　求直线 $l:\begin{cases}3x-4y+z-2=0\\ x-2y=0\end{cases}$ 在 xOy 及 yOz 面上的投影直线方程 l_1,l_2.

解　先求 l 在 xOy 面上的投影,已知直线在 $x-2y=0$ 上,平面 $x-2y=0$ 的法向量 $\boldsymbol{n}=\{1,-2,0\}$,$xOy$ 平面的法向量 $\boldsymbol{k}=\{0,0,1\}$

因 $\boldsymbol{n}\cdot\boldsymbol{k}=0$,则 $x-2y=0$ 为 l 的投影平面

即投影直线为 $\begin{cases}x-2y=0\\ z=0\end{cases}$

再求 l 在 yOz 面上的投影,过 l 的平面束方程为
$$x-2y+\lambda(3x-4y+z-2)=0, \tag{1}$$

其法向量为 $\boldsymbol{n}=\{1+3\lambda,-2-4\lambda,\lambda\}$,由 $\boldsymbol{n}\cdot\boldsymbol{i}=0$,得 $\lambda=-\dfrac{1}{3}$,将 $\lambda=-\dfrac{1}{3}$ 代入(1)得投影直线为

$$\begin{cases}2y+z-2=0\\ x=0\end{cases}$$

例 2　证明直线 $l:\dfrac{x+1}{-1}=\dfrac{y-1}{2}=\dfrac{z}{1}$ 和平面 $\pi:2x-y+z+9=0$ 相交,并求它们的交点与交角.

解　将直线 l 的方程化为参数方程

$$\begin{cases}x=-t-1\\ y=2t+1\\ z=t\end{cases} \tag{1}$$

将(1)代入平面 π 的方程整理得
$$3t-6=0$$
解得 $t=2$，将此值代入(1)得
$$x=-3,y=5,z=2$$
因此直线 l 与平面 π 相交，且交点 $P_0(-3,5,2)$。由于直线 l 的方向向量 $\boldsymbol{v}=\{-1,2,1\}$，平面 π 的法向量 $\boldsymbol{n}=\{2,-1,1\}$，应用公式得
$$\sin\alpha=\frac{|\boldsymbol{n}\cdot\boldsymbol{v}|}{|\boldsymbol{n}||\boldsymbol{v}|}=\frac{1}{2}$$

由此得直线 l 与平面 π 的交角 $\alpha=\dfrac{\pi}{6}$。

例3 已知点 $A(2,-1,2)$，直线 $l_1:\begin{cases}x+y+z-6=0\\3x+y-z-2=0\end{cases}$，点 B 是点 A 关于 l_1 的对称点，求过点 B 且平行于直线 l_1 的直线方程。

解 设 $B(x_0,y_0,z_0)$，由于 A,B 关于 l_1 对称，则线段 AB 的中点 $C\left(\dfrac{2+x_0}{2},\dfrac{y_0-1}{2},\dfrac{2+z_0}{2}\right)$ 在 l_1 上，即
$$\begin{cases}x_0+y_0+z_0-9=0\\3x_0+y_0-z_0-1=0\end{cases}$$

所以 $\begin{cases}x_0=\dfrac{5-y_0}{2}\\z_0=\dfrac{13-y_0}{2}\end{cases}$ 直线 l_1 的方向向量 $\boldsymbol{n}=\begin{vmatrix}\boldsymbol{i}&\boldsymbol{j}&\boldsymbol{k}\\1&1&1\\3&1&-1\end{vmatrix}=(-2,4,-2)$

因 A,B 关于 l_1 对称，则 $\overrightarrow{AB}$ 与 l_1 垂直，即
$$-2\left(\frac{5-y_0}{2}-2\right)+4(y_0+1)-2\left(\frac{13-y_0}{2}-2\right)=0$$

所以 $y_0=1,B(2,1,6)$

l_1 方程为 $\dfrac{x-2}{-2}=\dfrac{y-1}{4}=\dfrac{z-6}{-2}$。

A 类题

1. 填空题

(1)平面 $A_1x+B_1y+C_1z+D_1=0$ 与 $A_2x+B_2y+C_2z+D_2=0$ 平行但不重合的条件为_____。

(2)过点 $(3,1,-1)$ 且与平面 $3x-2y+5z-12=0$ 平行的平面方程为_____。

(3)过点$(1,-2,-1)$且与直线$\begin{cases} x=-t+1 \\ y=2t-4 \\ z=3t+2 \end{cases}$垂直的平面方程为_____.

(4)与两直线$\begin{cases} x=2 \\ y=-2+t \\ z=1+t \end{cases}$及$\dfrac{x+2}{1}=\dfrac{y-2}{2}=\dfrac{z-1}{1}$都平行,且过原点的平面方程是_____.

(5)过点$(2,3,-1)$且与平面$x+2y-z=1$垂直的直线方程为_____.

(6)点$(1,4,2)$到平面$x-y+2z=3$的距离为_____.

(7)两条平行直线$L_1: x=2t-1, y=t+1, z=3t$;$L_2: x=2t-4, y=t+3, z=3t+2$之间的距离为_____.

(8)若两直线$L_1: \dfrac{x-1}{-2}=\dfrac{y+2}{1}=\dfrac{z+1}{\lambda}$,$L_2: \dfrac{x-1}{2}=\dfrac{y}{1}=\dfrac{z+1}{-3}$相交,则$\lambda=$_____.

2.选择题

(1)直线$\dfrac{x+3}{-2}=\dfrac{y+4}{-7}=\dfrac{z}{3}$与平面$4x-2y-2z=3$的关系为(   ).

(A)平行但直线不在平面上   (B)直线在平面上
(C)垂直相交   (D)相交但不垂直

(2)设空间直线的对称式方程为$\dfrac{x}{0}=\dfrac{y}{1}=\dfrac{z}{2}$,则该直线必(   ).

(A)过原点且垂直于x轴   (B)过原点且垂直于y轴
(C)过原点且垂直于z轴   (D)过原点且平行于x轴

(3)设空间三直线的方程分别为

$L_1: \dfrac{x+3}{-2}=\dfrac{y+4}{-5}=\dfrac{z}{3}$, $L_2: \begin{cases} x=3t \\ y=-1+3t \\ z=2+7t \end{cases}$, $L_3: \begin{cases} x+2y-z+1=0 \\ 2x+y-z=0 \end{cases}$,则必有(   ).

(A)$L_1 /\!/ L_2$ (B)$L_1 /\!/ L_3$ (C)$L_2 \perp L_3$ (D)$L_1 \perp L_2$

3.求到两平面$\alpha: 3x-y+2z-6=0$和$\beta: x+2y-3z=5$距离相等的点的轨迹方程.

4.已知两平面$\alpha: mx+7y-6z-24=0$与平面$\beta: 2x-3my+11z-19=0$相互垂直,求m的值.

5. 判别下列各直线之间的位置关系：

(1) $L_1: -x+1 = \dfrac{y+1}{2} = \dfrac{z+1}{3}$ 与 $L_2: \begin{cases} x = 1+2t \\ y = 2+t \\ z = 3 \end{cases}$ ；

(2) $L_1: -x = \dfrac{y}{2} = \dfrac{z}{3}$ 与 $L_2: \begin{cases} 2x+y-1=0 \\ 3x+z-2=0 \end{cases}$.

6. 判定下列两平面之间的位置关系：

(1) $x+2y-4z=0$ 与 $2x+4y-8z=1$；

(2) $2x-y+3z=1$ 与 $3x-2z=4$.

7. 试确定下列直线与平面之间的关系：

(1) 直线 $\dfrac{x-1}{-2}=\dfrac{y+2}{1}=\dfrac{z+1}{3}$ 与平面 $-2x+y+3z=6$；

(2) 直线 $\begin{cases} 5x-3y+2z=5 \\ 5x-3y+z=2 \end{cases}$ 与平面 $15x-9y+5z=12$．

8. 求点 $A(-1,2,1)$ 在平面 $x+2y-z=1$ 上的投影．

B 类题

1. λ 取何值时直线 $\begin{cases} 3x-y+2z-6=0 \\ x+4y-\lambda z-15=0 \end{cases}$ 与 z 轴相交？

2. 求过点 $A(1,0,-1)$ 且与平面 $2x-y+z=5$ 平行，又与直线 $L_1: \dfrac{x+1}{2}=\dfrac{y-1}{-1}=\dfrac{z}{2}$ 相交的直线方程.

3. 已知直线 $L_1: \dfrac{x+1}{1}=\dfrac{y}{1}=\dfrac{z-1}{2}$，$L_2: \dfrac{x}{1}=\dfrac{y+1}{3}=\dfrac{z-2}{4}$，
(1) 求 L_1 与 L_2 之间的距离；(2) 求 L_1 与 L_2 的公垂线方程.

4. 设一平面垂直于平面 $z=0$，并通过从点 $P(1,-1,1)$ 到直线 $L: \begin{cases} y-z+1=0 \\ x=0 \end{cases}$ 的垂线，求此平面方程.

5. 求直线 $L_1: \begin{cases} x+2y+z-1=0 \\ x-2y+z+1=0 \end{cases}$ 和直线 $L_2: \begin{cases} x-y-z-1=0 \\ x-y+2z+1=0 \end{cases}$ 之间的夹角.

6. 求通过直线 $L: \begin{cases} x-y+z-1=0 \\ 2x+y+z-2=0 \end{cases}$ 的两个互相垂直的平面,其中一个平面平行于直线 $\dfrac{x-1}{2}=\dfrac{y+1}{-1}=\dfrac{z-1}{1}$.

C 类题

1. 求证直线 $\begin{cases} 5x-3y+2z-5=0 \\ 2x-y-z-1=0 \end{cases}$ 在平面 $4x-3y+7z-7=0$ 上.

2. 求直线 $\dfrac{x-1}{1}=\dfrac{y+1}{2}=\dfrac{z}{3}$ 在平面 $x+y+2z-5=0$ 上的投影直线的方程.

第三节 曲面和曲线

理解曲面方程的概念,了解母线平行于坐标轴的柱面方程及以坐标轴为旋转轴的旋转曲面方程;了解常用的二次曲面方程及用截痕法分析其图形特征;了解空间曲线的一般方程和参数方程;了解曲线及立体在坐标平面上的投影.

 知识要点

1. 曲面方程的概念，曲面的一般方程和参数方程；
2. 母线平行于坐标轴的柱面方程；
3. 旋转曲面的有关概念，以坐标轴为旋转轴的旋转曲面方程的求法，几个常见的旋转曲面，锥面的有关概念，尤其是圆锥面方程的求法；
4. 二次曲面的基本概念，椭球面、双曲抛物面、椭圆抛物面、双曲面的概念及方程，用截痕法分析其图形特征；
5. 空间曲线的一般方程及参数方程；
6. 空间曲线的投影柱面和投影曲线；立体在坐标面上的投影.

 典型例题

例 1 求以 z 轴为母线，经过点 $A(4,2,2)$ 以及 $B(6,-3,7)$ 的圆柱面的方程.

解 设以 z 轴为母线的圆柱面方程为
$$(x-a)^2+(y-b)^2=R^2 \tag{1}$$
因为点 $A(4,2,2)$，$B(6,-3,7)$ 在柱面上，则有
$$(4-a)^2+(2-b)^2=R^2 \tag{2}$$
$$(6-a)^2+(-3-b)^2=R^2 \tag{3}$$
又以 z 轴为母线，计算点 $(a,b,0)$ 到 z 轴距离可得
$$(a-0)^2+(b-0)^2=R^2 \tag{4}$$
联立 (2)、(3)、(4) 求出 $a=\dfrac{25}{8}$，$b=-\dfrac{5}{4}$，$R^2=\dfrac{725}{64}$

代入 (1) 式得所求的柱面方程为
$$\left(x-\frac{25}{8}\right)^2+\left(y+\frac{5}{4}\right)^2=\frac{725}{64}$$

例 2 求顶点为 $O(0,0,0)$，轴与平面 $x+y+z=0$ 垂直，且经过点 $(3,2,1)$ 的圆锥面的方程.

解 设轨迹上任一点的坐标为 $P(x,y,z)$，依题意，该圆锥面的轴线与平面 $x+y+z=0$ 垂直，则轴线的方向向量为 $\mathbf{v}=(1,1,1)$，又点 $O(0,0,0)$ 与点 $(3,2,1)$ 在锥面上，过这两点的直线的方向向量为 $\mathbf{l}_1=(3,2,1)$，点 $O(0,0,0)$ 与点 $P(x,y,z)$ 连线的方向向量为 $\mathbf{l}_2=(x,y,z)$，则有 $\mathbf{l}_1$ 与 $\mathbf{v}$ 的夹角和 $\mathbf{l}_2$ 与 $\mathbf{v}$ 的夹角相等，即

$$\frac{x\times1+y\times1+z\times1}{\sqrt{x^2+y^2+z^2}\cdot\sqrt{1^2+1^2+1^2}}=\frac{3\times1+2\times1+1\times1}{\sqrt{3^2+2^2+1^2}\cdot\sqrt{1^2+1^2+1^2}}$$

化简得所求的圆锥面方程为
$$11x^2+11y^2+11z^2-14xy-14yz-14xz=0$$

A 类题

1. 填空题

(1) 设点 $P(1,a,-1)$ 在曲面 $x^2+y^2+z^2-5x+3z=0$ 上，则 $a=$ _____.

(2) 以点 $P(1,2,-1)$ 为球心，且过点 $(3,1,2)$ 的球面方程是 _____.

(3) 将 xOy 面上的抛物线 $y^2=3x$ 绕 x 轴旋转而成的曲面方程为 _____.

(4) 圆锥面 $x^2+y^2=3z^2$ 的半顶角为 _____.

(5) 方程 $y=x+1$ 在平面解析几何中表示 _____，在空间解析几何中表示 _____.

(6) 曲线 $\begin{cases} x^2+y^2=1 \\ x^2+(y-1)^2+(z-1)^2=1 \end{cases}$ 在 yOz 面上的投影曲线为 _____.

(7) 上半锥面 $z=\sqrt{x^2+y^2}$ $(0\leqslant z\leqslant 1)$ 在 xOy 面上的投影为 _____；在 xOz 面上的投影为 _____；在 yOz 面上的投影为 _____.

(8) 曲线 $\begin{cases} x=t+1 \\ y=t^2 \\ z=2t+1 \end{cases}$ 的一般式方程为 _____.

2. 选择题

(1) 曲线 $\begin{cases} \dfrac{x^2}{a^2}+\dfrac{y^2}{b^2}=1 \\ z=0 \end{cases}$ 绕 x 轴旋转而成的旋转曲面方程为（ ）.

(A) $\dfrac{x^2}{a^2}+\dfrac{y^2+z^2}{b^2}=1$ 　　　　(B) $\dfrac{x^2+z^2}{a^2}+\dfrac{y^2}{b^2}=1$

(C) $z=\dfrac{x^2}{a^2}+\dfrac{y^2}{b^2}$ 　　　　(D) $z=\dfrac{x^2}{a^2}+\dfrac{y^2}{b^2}-1$

(2) 方程 $\begin{cases} \dfrac{x^2}{4}+\dfrac{y^2}{9}=1 \\ y=z \end{cases}$ 在空间解析几何中表示（ ）.

(A) 椭圆柱面　　(B) 椭圆曲线　　(C) 两个平行平面　　(D) 两条平行直线

(3) 下列曲面中不是关于原点中心对称的是（ ）.

(A) 椭球面：$\dfrac{y^2}{a^2}+\dfrac{x^2}{b^2}+\dfrac{z^2}{c^2}=1$

(B) 单叶双曲面：$\dfrac{y^2}{a^2}+\dfrac{x^2}{b^2}-\dfrac{z^2}{c^2}=1$

(C) 双叶双曲面：$\dfrac{y^2}{a^2}-\dfrac{x^2}{b^2}-\dfrac{z^2}{c^2}=1$

(D) 椭圆抛物面：$\dfrac{y^2}{a^2}+\dfrac{x^2}{b^2}=2pz$

(4)母线平行于 z 轴，准线为曲线 $\begin{cases}4x^2+3y^2+z^2=25\\ z=3\end{cases}$ 的柱面方程是( ).

(A) $4x^2+3y^2=16$ (B) $4x^2+3y^2+z^2=25$

(C) $4x+3y=4$ (D) $4x^2+3y^2=z^2$

(5)曲面 $\dfrac{x^2}{3^2}+\dfrac{y^2}{4^2}-\dfrac{z^2}{5^2}=1$ 与平面 $y=4$ 相交得到的图形是( ).

(A) 一个椭圆 (B) 一条双曲线 (C) 两条相交直线 (D) 一条抛物线

(6)下列曲面中与一条直线相交，最多只有两个交点的图形是( ).

(A) 椭球面   (B) 单叶双曲面   (C) 柱面   (D) 锥面

(7)方程 $y^2+z^2-4x+8=0$ 表示( ).

(A)单叶双曲面   (B)双叶双曲面   (C)锥面   (D)旋转抛物面

3.一动点 P 到定点 $A(-4,0,0)$ 的距离是它到 $B(2,0,0)$ 的距离的两倍，求该动点的轨迹方程.

4.说明下列旋转曲面是怎样形成的：

(1) $\dfrac{x^2}{4}+\dfrac{y^2}{9}+\dfrac{z^2}{9}=1$；   (2) $(z-a)^2=x^2+y^2$.

5.已知平面 α 过 z 轴，且与球面 $x^2+y^2+z^2-6x-8y+10z+41=0$ 相交得到一个半径为 2 的圆，求该平面的方程.

7. 指出下列曲面与三个坐标面的交线：

(1) $x^2+y^2+16z^2=64$；

(2) $x^2+4y^2-16z^2=64$；

(3) $x^2-4y^2-16z^2=64$；

(4) $x^2+9y^2=16z$.

8. 求直线 $\dfrac{x}{1}=\dfrac{y}{-2}=\dfrac{z}{3}$ 绕 z 轴旋转所得旋转曲面的方程.

B 类题

1. 求通过曲面 $x^2+y^2+4z^2=1$ 和 $x^2=y^2+z^2$ 的交线,而母线平行于 z 轴的柱面方程.

2. 写出与直线 $\dfrac{x-1}{3}=\dfrac{y+4}{6}=\dfrac{z-6}{4}$ 在点 $(1,-4,6)$ 相切,且与直线 $\dfrac{x-4}{2}=\dfrac{y+3}{1}=\dfrac{z-2}{-6}$ 在点 $(4,-3,2)$ 相切的球面方程.

第二章　无穷级数(二)

第一节　幂级数及其收敛性

理解幂级数的概念；理解阿贝尔定理；理解幂级数的收敛半径的概念，并会求幂级数的收敛半径和收敛域；掌握幂级数的运算及其和函数的性质.

1. 幂级数及其收敛半径、收敛区间、收敛域；
2. 幂级数收敛半径的求法；
3. 阿贝尔定理及幂级数在其收敛区间内的绝对收敛性；
4. 幂级数的运算及其和函数的性质；
5. 利用幂级数求数项级数的和.

例 1　求幂级数 $\sum\limits_{n=1}^{+\infty} \dfrac{1}{3^n} x^{2n-1}$ 的收敛域.

分析　由于幂级数中 x 的指数为 $2n-1$，缺偶数项幂，因此其收敛半径应该为 $\dfrac{1}{\sqrt{\rho}}$.

解　$\rho = \lim\limits_{n \to +\infty} \left| \dfrac{a_{n+1}}{a_n} \right| = \lim\limits_{n \to +\infty} \dfrac{\frac{1}{3^{n+1}}}{\frac{1}{3^n}} = \dfrac{1}{3}$

因此 $R = \dfrac{1}{\sqrt{\rho}} = \sqrt{3}$

当 $x = -\sqrt{3}$ 时，级数为 $\sum\limits_{n=1}^{+\infty} \dfrac{-1}{\sqrt{3}}$，发散；

当 $x = \sqrt{3}$ 时，级数为 $\sum\limits_{n=1}^{+\infty} \dfrac{1}{\sqrt{3}}$，也发散，故级数 $\sum\limits_{n=1}^{+\infty} \dfrac{1}{3^n} x^{2n-1}$ 的收敛域为 $(-\sqrt{3}, \sqrt{3})$.

例 2 求数项级数 $\sum_{n=1}^{+\infty}(-1)^{n-1}\dfrac{2n+1}{3^{n+1}}$ 的和.

解 根据数项级数的特点构造幂级数 $\sum_{n=1}^{+\infty}(2n+1)x^n$,此幂级数的收敛域为 $(-1,1)$. 令 $S(x)=\sum_{n=1}^{+\infty}(2n+1)x^n$,由幂级数逐项微分的性质得,当 $x\in(-1,1)$ 时,有

$$S(x)=\sum_{n=1}^{+\infty}2(n+1)x^n-\sum_{n=1}^{+\infty}x^n=2\left(\sum_{n=1}^{+\infty}x^{n+1}\right)'-\dfrac{x}{1-x}$$

$$=2\left(\dfrac{x^2}{1-x}\right)'-\dfrac{x}{1-x}=\dfrac{3x-x^2}{(1-x)^2}$$

由于 $-\dfrac{1}{3}\in(-1,1)$,

所以,

$$\sum_{n=1}^{+\infty}(-1)^{n-1}\dfrac{2n+1}{3^{n+1}}=-\dfrac{1}{3}S\left(-\dfrac{1}{3}\right)=\dfrac{5}{24}.$$

A 类题

1. 回答下列问题:

(1) 什么是幂级数的收敛半径和收敛域?

(2) 幂级数的收敛域有何特点?

(3) 什么是幂级数在其收敛区间中的内闭一致收敛性?

(4) 幂级数在其收敛区间内,和函数有哪些重要性质?

2.求下列幂级数的收敛半径和收敛域：

(1) $\sum\limits_{n=1}^{+\infty} n x^n$；

(2) $\sum\limits_{n=0}^{+\infty} \dfrac{x^n}{n!}$；

(3) $\sum\limits_{n=1}^{+\infty} \dfrac{x^n}{\sqrt{n}}$；

(4) $\sum\limits_{n=1}^{+\infty} \dfrac{(x-3)^n}{n \cdot 3^n}$；

(5) $\sum\limits_{n=0}^{+\infty} \dfrac{(n!)^2}{(2n)!} x^n$；

(6) $\sum\limits_{n=1}^{+\infty} \dfrac{2^n x^n}{n!}$；

(7) $\sum\limits_{n=1}^{+\infty} \dfrac{3^n + (-2)^n}{n} (x+1)^n$；

(8) $\sum\limits_{n=0}^{+\infty} \dfrac{(x+3)^n}{5^n}$；

(9) $\sum\limits_{n=2}^{+\infty} \dfrac{(x-5)^n}{n \ln n}$；

(10) $\sum\limits_{n=1}^{+\infty} \left(1 + \dfrac{1}{n}\right)^{-n^2} x^n$；

3. 求下列幂级数的收敛域及和函数：

(1) $\sum_{n=1}^{+\infty} n(n+1) x^n$；

(2) $\sum_{n=1}^{+\infty} \frac{x^{n-1}}{n 2^n}$；

(3) $\sum_{n=1}^{+\infty} \frac{n}{n+1} x^n$；

(4) $\sum_{n=0}^{+\infty} \frac{(2n+1) x^{2n}}{n!}$.

4. 若 $\sum_{n=1}^{+\infty} a_n x^n$ 的收敛半径为 3，$\sum_{n=1}^{+\infty} b_n x^n$ 的收敛半径为 5，试问 $\sum_{n=1}^{+\infty} (a_n + b_n) x^n$ 的收敛半径是多少？

B 类题

1. 求下列函数项级数的收敛域：

(1) $\sum_{n=1}^{+\infty} \frac{3^n}{n! \, x^n}$；

(2) $\sum_{n=1}^{+\infty} \frac{1}{n}\left(\frac{x-1}{x}\right)^n$；

(3) $\sum_{n=1}^{+\infty} (-1)^n \frac{(\ln x)^n}{n}$.

2.(1)如果幂级数 $\sum\limits_{n=0}^{+\infty}a_nx^n$ 在 $x=3$ 处发散,那么它在哪些区域必然发散?

(2)如果幂级数 $\sum\limits_{n=0}^{+\infty}a_n(x+5)^n$ 在 $x=-2$ 处发散,那么它在哪些区域必然发散?

3.求下列级数的和:

(1) $\sum\limits_{n=2}^{+\infty}\dfrac{1}{n^2-1}$;

(2) $\sum\limits_{n=1}^{+\infty}(-1)^n\dfrac{n(n+1)}{2^n}$;

(3) $\sum\limits_{n=0}^{+\infty}\dfrac{2^n(n+1)}{n!}$;

(4) $\sum\limits_{n=0}^{+\infty}(-1)^n\dfrac{n^2-n+1}{2^n}$.

4.如果正项级数 $\sum\limits_{n=0}^{+\infty}a_n$ 收敛,证明 $f(x)=\sum\limits_{n=0}^{+\infty}a_nx^n$ 在 $(-1,1)$ 上连续.

第二节 Taylor 级数

理解并掌握函数的幂级数展开定理；熟练掌握初等函数，如指数函数、三角函数、对数函数等的幂级数展开式，并能利用这些展开式，结合幂级数的四则运算、分析运算、变量代换等方法，将一些较简单的函数展开为幂级数；掌握泰勒级数应用的技巧．

1．函数展开成泰勒级数的充要条件；
2．函数的幂级数展开式的唯一性；
3．常见函数的泰勒级数展开式；
4．泰勒级数的应用．

例1 将 $f(x)=\dfrac{1}{x^2-x}$ 展开成 $x-3$ 的幂级数．

解 由于 $f(x)=\dfrac{1}{x(x-1)}=\dfrac{1}{x-1}-\dfrac{1}{x}$，而

$$\dfrac{1}{x-1}=\dfrac{1}{2+(x-3)}=\dfrac{1}{2}\cdot\dfrac{1}{1+\dfrac{x-3}{2}}$$

$$=\dfrac{1}{2}\cdot\sum_{n=0}^{+\infty}(-1)^n\left(\dfrac{x-3}{2}\right)^n=\sum_{n=0}^{+\infty}(-1)^n\dfrac{(x-3)^n}{2^{n+1}}$$

其中 $\left|\dfrac{x-3}{2}\right|<1$，即 $x\in(1,5)$

$$\dfrac{1}{x}=\dfrac{1}{3+(x-3)}=\dfrac{1}{3}\cdot\dfrac{1}{1+\dfrac{x-3}{3}}$$

$$=\dfrac{1}{3}\cdot\sum_{n=0}^{+\infty}(-1)^n\left(\dfrac{x-3}{3}\right)^n=\sum_{n=0}^{+\infty}(-1)^n\dfrac{(x-3)^n}{3^{n+1}}$$

其中 $\left|\dfrac{x-3}{3}\right|<1$，即 $x\in(0,6)$，因此

$$f(x)=\sum_{n=0}^{+\infty}(-1)^n\dfrac{(x-3)^n}{2^{n+1}}-\sum_{n=0}^{+\infty}(-1)^n\dfrac{(x-3)^n}{3^{n+1}}$$

$$=\sum_{n=0}^{+\infty}(-1)^n\left(\dfrac{1}{2^{n+1}}-\dfrac{1}{3^{n+1}}\right)(x-3)^n,x\in(1,5)$$

例 2 将 $\dfrac{d}{dx}\left(\dfrac{e^x-1}{x}\right)$ 展开成 x 的幂级数，并证明 $\sum\limits_{n=1}^{+\infty}\dfrac{n}{(n+1)!}=1$.

解 $\dfrac{d}{dx}\left(\dfrac{e^x-1}{x}\right)=\dfrac{d}{dx}\left(\dfrac{\sum\limits_{n=0}^{+\infty}\dfrac{x^n}{n!}-1}{x}\right)$

$=\dfrac{d}{dx}\left(\sum\limits_{n=1}^{+\infty}\dfrac{x^{n-1}}{n!}\right)=\sum\limits_{n=1}^{+\infty}\dfrac{d}{dx}\left(\dfrac{x^{n-1}}{n!}\right)=\sum\limits_{n=2}^{+\infty}\dfrac{(n-1)x^{n-2}}{n!}$

$=\sum\limits_{n=1}^{+\infty}\dfrac{n}{(n+1)!}x^{n-1},\ x\in(-\infty,+\infty)\ \text{且}\ x\neq 0$

$\sum\limits_{n=1}^{+\infty}\dfrac{n}{(n+1)!}=\sum\limits_{n=1}^{+\infty}\dfrac{n}{(n+1)!}x^{n-1}\Big|_{x=1}=\dfrac{d}{dx}\left(\dfrac{e^x-1}{x}\right)\Big|_{x=1}$

$=\dfrac{xe^x-e^x+1}{x^2}\Big|_{x=1}=1.$

A 类题

1. 回答下列问题：

(1) 函数 $f(x)$ 能在区间 (x_0-R,x_0+R) 中展开成幂级数的充要条件是什么？

(2) 如果函数 $f(x)$ 在区间 (x_0-R,x_0+R) 中有任意阶导数，$f(x)$ 是否能在这区间上展开为幂级数？

2. 将下列函数展开成 x 的幂级数，并指出展开式成立的范围：

(1) $f(x)=\dfrac{x}{1+x-2x^2}$；

(2) $f(x)=\sin^2 x$；

(3) $f(x)=\dfrac{x}{\sqrt{1-2x}}$；

(4) $f(x)=\int_0^x e^{-t^2}dt$.

3. 将下列函数在指定点展开成幂级数,并指出展开式成立的范围:

(1) $f(x) = \dfrac{1}{x}, x = 1$;

(2) $f(x) = \dfrac{2x+1}{x^2+x-2}, x = 2$;

(3) $f(x) = \ln \dfrac{1}{x^2+2x+2}, x = -1$;

(4) $f(x) = \cos x, x = -\dfrac{\pi}{3}$.

B 类题

利用逐项求导和逐项积分的方法,将函数 $f(x) = \arctan \dfrac{4+x^2}{4-x^2}$ 展开成 x 的幂级数.

第三节 周期函数的 Fourier 级数

了解傅立叶级数研究的背景;理解并掌握狄利克雷收敛定理;掌握正弦级数和余弦级数.

知识要点

1. 三角级数与三角函数系的正交性;
2. 周期函数的傅立叶系数和傅立叶级数;
3. 傅立叶级数的收敛定理;
4. 正弦级数和余弦级数.

例 把函数 $f(x)=\begin{cases}-\dfrac{\pi}{4}, & -\pi\leqslant x<0 \\ \dfrac{\pi}{4}, & 0\leqslant x\leqslant \pi\end{cases}$ 展开成傅立叶级数，并由它推出

$$\frac{\pi}{4}=1-\frac{1}{3}+\frac{1}{5}-\frac{1}{7}+\cdots$$

解 注意到 $f(x)$ 为奇函数，故有

$$a_n=0, n=0,1,2,\cdots$$

$$b_n=\frac{2}{\pi}\int_0^\pi \frac{\pi}{4}\sin nx\,\mathrm{d}x=\frac{1-(-1)^n}{2n}=\begin{cases}0, & n\text{ 为偶数} \\ \dfrac{1}{n}, & n\text{ 为奇数}\end{cases}(n=1,2,\cdots)$$

所以

$$f(x)=\sum_{n=1}^{+\infty}\frac{\sin(2n-1)x}{2n-1}\quad(-\pi<x<\pi, x\neq 0)$$

在上式中令 $x=\dfrac{\pi}{2}$，得

$$\frac{\pi}{4}=1-\frac{1}{3}+\frac{1}{5}-\frac{1}{7}+\cdots$$

A 类题

1. 回答下列问题：

(1) 三角函数系的正交性指的是什么？

(2) Dirichlet 收敛定理的条件有哪些？

(3) 周期为 2π 的函数 $f(x)$ 的 Fourier 级数是否一定收敛？如果收敛，是否一定收敛到自身？

(4) 奇函数和偶函数的 Fourier 系数有什么特点?

2. 试将下列以 2π 为周期的函数 $f(x)$ 展开成 Fourier 级数.

(1) $f(x) = |x|$;

(2) $f(x) = |\cos x|$, $-\pi \leqslant x < \pi$;

(3) $f(x) = \dfrac{\pi - x}{2}$, $0 < x < 2\pi$;

(4) $f(x) = x\sin x$, $-\pi \leqslant x < \pi$.

3. 设 $f(x)$ 是以 2π 为周期的函数,它在 $[-\pi, \pi)$ 上的表达式是
$$f(x) = \begin{cases} x+1, & -\pi \leqslant x < 0, \\ 1, & 0 \leqslant x < \pi, \end{cases}$$
若它的 Fourier 级数的和函数为 $S(x)$,试问 $S(\pm\pi)$ 和 $S(0)$ 的值各为多少?

B 类题

1. 设 $\varphi(x)$ 和 $\Phi(x)$ 是以 2π 为周期的函数：

(1) 若函数 $\varphi(-x)=\Phi(x)$，$-\pi \leqslant x < \pi$，问 $\varphi(x)$ 和 $\Phi(x)$ 的 Fourier 系数 a_n, b_n 与 $\alpha_n, \beta_n, (n=1,2,\cdots)$ 之间有何关系？

(2) 若函数 $\varphi(-x)=-\Phi(x)$，$-\pi \leqslant x < \pi$，问 $\varphi(x)$ 和 $\Phi(x)$ 的 Fourier 系数 a_n, b_n 与 $\alpha_n, \beta_n, (n=1,2,\cdots)$ 之间有何关系？

2. 设 $f(x)$ 是以 2π 为周期的函数，证明：

(1) 若函数 $f(x-\pi)=f(x)$，则 $f(x)$ 的 Fourier 系数满足 $a_{2k+1}=0, b_{2k+1}=0 (k=1,2,\cdots)$；

(2) 若函数 $f(x-\pi)=-f(x)$，则 $f(x)$ 的 Fourier 系数满足 $a_0=0, a_{2k}=0, b_{2k}=0 (k=1,2,\cdots)$.

第四节 任意区间上的 Fourier 级数

掌握通过周期延拓,将定义在区间 $[-\pi,\pi]$ 上的函数展开成傅立叶级数的方法;掌握通过奇延拓或偶延拓将定义在区间 $[0,\pi]$ 的函数展开成正弦级数或余弦级数的方法.

1. 函数的奇延拓、偶延拓及周期延拓;
2. 将定义在区间 $[-\pi,\pi]$ 上的函数展开成傅立叶级数;
3. 将定义在区间 $[0,\pi]$ 的函数展开成正弦级数或余弦级数;
4. 傅立叶系数及傅立叶级数的复数形式.

例 把 $f(x)=x-1, x\in[0,2]$ 展开成余弦级数,并求常数项级数 $\sum_{n=1}^{+\infty}\dfrac{1}{n^2}$ 的和.

解 对 $f(x)$ 作偶延拓,$2l=4, l=2$.

$$b_n=0, n=1,2,\cdots, a_0=\frac{2}{2}\int_0^2(x-1)\mathrm{d}x=0$$

$$a_n=\frac{2}{2}\int_0^2(x-1)\cos\frac{n\pi x}{2}\mathrm{d}x=\begin{cases}0, & n\text{ 为偶数}\\-\dfrac{8}{\pi^2 n^2}, & n\text{ 为奇数}\end{cases}(n=1,2,\cdots)$$

所以
$$f(x)=-\frac{8}{\pi^2}\sum_{n=1}^{+\infty}\frac{\cos\dfrac{(2n-1)\pi x}{2}}{(2n-1)^2}\quad(0\leqslant x\leqslant 2)$$

上式中,令 $x=0$,得

$$\sum_{n=1}^{+\infty}\frac{1}{(2n-1)^2}=\frac{\pi^2}{8},$$

而
$$\sum_{n=1}^{+\infty}\frac{1}{n^2}=\sum_{n=1}^{+\infty}\frac{1}{(2n-1)^2}+\sum_{n=1}^{+\infty}\frac{1}{(2n)^2}=\frac{\pi^2}{8}+\frac{1}{4}\sum_{n=1}^{+\infty}\frac{1}{n^2},$$

所以
$$\sum_{n=1}^{+\infty}\frac{1}{n^2}=\frac{4}{3}\cdot\frac{\pi^2}{8}=\frac{\pi^2}{6}.$$

A 类题

1. 试将下列周期函数展开成 Fourier 级数:

(1) $f(x)=\begin{cases}0, & -2\leqslant x<0\\1, & 0\leqslant x<2\end{cases}$;

(2) $f(x)=\begin{cases}2x+1, & -3\leqslant x<0\\1, & 0\leqslant x<3\end{cases}$;

(3) $f(x) = x\cos x$, $-\dfrac{\pi}{2} \leqslant x \leqslant \dfrac{\pi}{2}$.

2. 试将 $f(x) = \dfrac{\pi}{2} - x\ (0 \leqslant x \leqslant \pi)$ 展开成余弦级数.

3. 证明:当 $0 < x < \pi$ 时,有 $\sin x + \dfrac{1}{3}\sin 3x + \dfrac{1}{5}\sin 5x + \cdots = \dfrac{\pi}{4}$.

4. 将 $f(x) = \begin{cases} 1-x, & 0 < x \leqslant 2 \\ x-3, & 2 < x < 4 \end{cases}$ 在 $(0,4)$ 上展开成余弦级数.

5. 将 $f(x) = x$ 在 $[0,\pi]$ 上分别展开成余弦级数与正弦级数.

6. 将 $f(x)=x(1<x<3)$ 展开成 Fourier 级数，并用它证明等式 $\sum\limits_{n=1}^{+\infty}\dfrac{(-1)^{n-1}}{2n-1}=\dfrac{\pi}{4}$.

B 类题

证明在 $[0,\pi]$ 上，下式成立：

(1) $x(\pi-x)=\dfrac{\pi^2}{6}-\sum\limits_{n=1}^{+\infty}\dfrac{\cos 2nx}{n^2}$;

(2) $x(\pi-x)=\dfrac{8}{\pi}\sum\limits_{n=1}^{+\infty}\dfrac{\sin(2n-1)x}{(2n-1)^3}$.

并利用以上结果证明：

(1) $\sum\limits_{n=1}^{+\infty}\dfrac{(-1)^{n-1}}{n^2}=\dfrac{\pi^2}{12}$;

(2) $\sum\limits_{n=1}^{+\infty}\dfrac{(-1)^{n-1}}{(2n-1)^3}=\dfrac{\pi^3}{32}$.

第三章 多元函数的微分学(二)

第一节 隐函数微分法

了解隐函数存在定理,熟练掌握多元隐函数(包括由方程组确定的隐函数)偏导数的求法.

1. 二元及三元方程的隐函数存在定理;
2. 四元方程组的隐函数存在定理;
3. 隐函数的求导方法(公式法、直接法、微分法).

例 1 求由方程 $F(y-x, yz)=0$ 所确定的函数 $z=z(x,y)$ 的偏导数,其中 F_1, F_2 均连续且 $F_2 \neq 0$.

解 把原方程两边分别对 x,y 求偏导,并注意 $z=z(x,y)$,由链法则得

$$F_1 \cdot (-1) + F_2 \cdot y \frac{\partial z}{\partial x} = 0,$$

$$F_1 + F_2 \left(z + y \frac{\partial z}{\partial x}\right) = 0.$$

从中解得 $\dfrac{\partial z}{\partial x} = \dfrac{F_1}{yF_2}, \dfrac{\partial z}{\partial y} = \dfrac{F + zF_{21}}{yF_2}$.

例 2 设 $z=z(x,y)$ 是由 $z+\mathrm{e}^z = xy$ 所确定的二元函数,求 $\dfrac{\partial^2 z}{\partial x^2}, \dfrac{\partial^2 z}{\partial x \partial y}$.

分析 此例是最基本的隐函数求导问题,可以直接利用隐函数的求导公式:

$$\frac{\partial z}{\partial x} = -\frac{F_x}{F_z} \quad \frac{\partial z}{\partial y} = -\frac{F_y}{F_z},$$

也可以把方程 $F(x,y,z)=0$ 的两边分别对 x,y 求偏导数.

解法一 利用隐函数的求导公式.

令 $F(x,y,z) = z + e^z - xy$,则由隐函数的求导公式得

$$\frac{\partial z}{\partial x} = -\frac{F_x}{F_z} = -\frac{-y}{1+e^z} = \frac{y}{1+e^z}, \quad \frac{\partial z}{\partial y} = -\frac{F_y}{F_z} = -\frac{-x}{1+e^z} = \frac{x}{1+e^z},$$

$$\frac{\partial^2 z}{\partial x^2} = \frac{-y e^z \frac{\partial z}{\partial x}}{(1+e^z)^2} = \frac{-y^2 e^z}{(1+e^z)^3},$$

$$\frac{\partial^2 z}{\partial x \partial y} = \frac{1 + e^z - y e^z \frac{\partial z}{\partial y}}{(1+e^z)^2} = \frac{1}{1+e^z} - \frac{-xy e^z}{(1+e^z)^3}.$$

解法二 将等式 $z + e^z = xy$ 两边分别对 x, y 求偏导数：

$$\frac{\partial z}{\partial x} + e^z \frac{\partial z}{\partial x} = y, \quad \frac{\partial z}{\partial x} = \frac{y}{1+e^z},$$

$$\frac{\partial z}{\partial y} + e^z \frac{\partial z}{\partial y} = x, \quad \frac{\partial z}{\partial y} = \frac{x}{1+e^z},$$

$$\frac{\partial^2 z}{\partial x^2} = \frac{-y e^z \frac{\partial z}{\partial x}}{(1+e^z)^2} = \frac{-y^2 e^z}{(1+e^z)^3},$$

$$\frac{\partial^2 z}{\partial x \partial y} = \frac{1 + e^z - y e^z \frac{\partial z}{\partial y}}{(1+e^z)^2} = \frac{1}{1+e^z} - \frac{-xy e^z}{(1+e^z)^3}.$$

备注：一般地,若利用 $\frac{\partial z}{\partial x} = -\frac{F_x}{F_z}, \frac{\partial z}{\partial y} = -\frac{F_y}{F_z}$ 求隐函数的二阶偏导数时,应注意到 z 仍然是 x, y 的函数,需进一步利用复合函数的求导法则去求,这是难点.

A 类题

1. 设 $y = f(x)$ 由下列方程确定,求 $\frac{dy}{dx}$:

(1) $\sin y + e^x - xy^2 = 0$;

(2) $x^y = y^x \, (x \neq y)$.

2. 设 $x^2+y^2+z^2-4z=0$，求 $\dfrac{\partial^2 z}{\partial x^2}$.

3. 设 $z^3-3xyz=1$，求 $\dfrac{\partial^2 z}{\partial x \partial y}$.

4. 设 $x+y+z=e^{-(x+y+z)}$，求 z 对 x,y 的一阶与二阶偏导数.

B 类题

1. 设 $2\sin(x+2y-3z)=x+2y-3z$，证明 $\dfrac{\partial z}{\partial x}+\dfrac{\partial z}{\partial y}=1$.

2. 设 $x=x(y,z),y=y(x,z),z=z(x,y)$ 都是由方程 $F(x,y,z)=0$ 所确定的具有连续偏导数的函数，证明 $\dfrac{\partial x}{\partial y} \cdot \dfrac{\partial y}{\partial z} \cdot \dfrac{\partial z}{\partial x}=-1$.

3. 求由下列方程组确定的函数的导数或偏导数：

(1) 设 $\begin{cases} u^3 + xv = y \\ v^3 + yu = x \end{cases}$，求 $\dfrac{\partial u}{\partial x}, \dfrac{\partial u}{\partial y}, \dfrac{\partial v}{\partial x}$ 及 $\dfrac{\partial v}{\partial y}$；

(2) 设 $\begin{cases} x^2 + y^2 + z^2 = a^2 \\ x^2 + y^2 = ax \end{cases}$ 求 $\dfrac{dy}{dx}, \dfrac{dz}{dx}$.

4. 设方程 $y = F(x^2 + y^2) + F(x + y)$ 确定隐函数 $y = f(x)$（其中 F 可微），且 $f(0) = 2, F'(2) = \dfrac{1}{2}, F'(4) = 1$，试求 $f'(0)$ 的值.

C 类题

设函数 $z=z(x,y)$ 是由方程 $F(z+\dfrac{1}{x},z-\dfrac{1}{y})=0$ 确定的隐函数,其中 F 具有连续的二阶偏导数,且 $F_u(u,v)=F_v(u,v)\neq 0$,求证:$x^2\dfrac{\partial z}{\partial x}+y^2\dfrac{\partial z}{\partial y}=0$.

第二节 多元函数的极值

理解多元函数极值的概念,掌握多元函数极值存在的必要条件,了解二元函数极值存在的充分条件,会求二元函数的极值,会求二元函数的最大值和最小值,并会解决一些简单的应用问题.

1. 多元函数极值的概念;
2. 极值的必要条件;
3. 二元函数极值的充分条件;
4. 最大值和最小值.

例 1 已知函数 $f(x,y)$ 在点 $(0,0)$ 的某个邻域内连续,且 $\lim\limits_{(x,y)\to(0,0)}\dfrac{f(x,y)-xy}{(x^2+y^2)^2}=1$,证明点 $(0,0)$ 不是 $f(x,y)$ 的极值点.

分析 由题设,容易推知 $f(0,0)=0$,因此点 $(0,0)$ 是否为 $f(x,y)$ 的极值,关键看在点 $(0,0)$ 的充分小的邻域内 $f(x,y)$ 是恒大于零、恒小于零还是变号.

由 $\lim\limits_{(x,y)\to(0,0)}\dfrac{f(x,y)-xy}{(x^2+y^2)^2}=1$ 知,分子的极限必为零,从而有 $f(0,0)=0$,且

$$f(x,y)-xy=(x^2+y^2)^2+o[(x^2+y^2)^2] \quad (|x|,|y| \text{ 充分小时}),$$

于是
$$f(x,y)-f(0,0)=xy+(x^2+y^2)^2+o[(x^2+y^2)^2].$$

特殊地,当 $y=x$ 且 $|x|$ 充分小时, $f(x,y)-f(0,0)\approx x^2+4x^4>0$;而当 $y=-x$ 且 $|x|$ 充分小时, $f(x,y)-f(0,0)\approx -x^2+4x^4<0$. 故点 $(0,0)$ 不是 $f(x,y)$ 的极值点.

备注:本题综合考查了多元函数的极限、连续和多元函数的极值概念,有一定难度. 极限表示式转化为极限值加无穷小量,是有关极限分析过程中常用的方法.

例 2 设 $f(x,y)$ 有二阶连续偏导数, $g(x,y)=f(e^{xy},x^2+y^2)$, 且 $f(x,y)=1-x-y+o(\sqrt{(x-1)^2+y^2})$, 证明 $g(x,y)$ 在 $(0,0)$ 取得极值, 判断此极值是极大值还是极小值, 并求出此极值.

分析 为证明 $g(x,y)$ 在 $(0,0)$ 取得极值, 必须找出 $g(x,y)$ 在 $(0,0)$ 的各个二阶导数, 为此需求出 $f(x,y)$ 在 $(1,0)$ 点的一阶偏导数, 由已知条件自然会想到利用微分的概念.

解 因为 $f(x,y)=-(x-1)-y+o(\sqrt{(x-1)^2+y^2})$,
由全微分的定义知 $f(1,0)=0, f'_x(1,0)=f'_y(1,0)=-1$.

$$g'_x=f'_1 \cdot e^{xy}y+f'_2 \cdot 2x, \quad g'_y=f'_1 \cdot e^{xy}x+f'_2 \cdot 2y,$$

$$g'_x(0,0)=0, \quad g'_y(0,0)=0$$

$$g''_{xx}=(f''_{11} \cdot e^{xy}y+f''_{12} \cdot 2x)e^{xy}y+f'_1 \cdot e^{xy}y^2+(f''_{21} \cdot e^{xy}y+f''_{22} \cdot 2x)2x+2f'_2$$

$$g''_{xy}=(f''_{11} \cdot e^{xy}x+f''_{12} \cdot 2y)e^{xy}y+f'_1 \cdot (e^{xy}xy+e^{xy})+(f''_{21} \cdot e^{xy}x+f''_{22} \cdot 2y)2x$$

$$g''_{yy}=(f''_{11} \cdot e^{xy}x+f''_{12} \cdot 2y)e^{xy}x+f'_1 \cdot e^{xy}x^2+(f''_{21} \cdot e^{xy}x+f''_{22} \cdot 2y)2y+2f'_2$$

$$A=g''_{xx}(0,0)=2f'_2(1,0)=-2$$
$$B=g''_{xy}(0,0)=f'_1(1,0)=-1$$
$$C=g''_{yy}(0,0)=2f'_2(1,0)=-2$$

$AC-B^2=3>0$, 且 $A<0$, 故 $g(0,0)=f(1,0)=0$ 是极大值.

备注:此题考察了全微分的概念、复合函数的导数和极值的充分条件,是概念性、综合性较强的题,当然在求二阶偏导数时,也可以利用偏导数的定义,事实上,这样做运算量会更小.

例 3 试求 $z=x^2+y^2-xy+x+y$ 在闭域 $D: x \leq 0, y \leq 0$ 及 $x+y \geq -3$ 上的最大值与最小值.

解 令 $\begin{cases} \dfrac{\partial z}{\partial x}=2x-y+1=0 \\ \dfrac{\partial z}{\partial y}=2y-x+1=0 \end{cases}$, 解得 $x=-1, y=-1, \ f(-1,-1)=-1$.

当 $x=0$ 时,$z=y^2+y$ 在 $[-3,0]$ 上的最大值为 $f(0,-3)=6$,最小值为 $f(0,-\frac{1}{2})=-\frac{1}{4}$;

当 $y=0$ 时,$z=x^2+x$ 在 $[-3,0]$ 上的最大值为 $f(-3,0)=6$,最小值为 $f(-\frac{1}{2},0)=-\frac{1}{4}$;

当 $x+y=-3$ 时,将 $y=-3-x$ 代入目标函数中得 $z=3x^2+9x+6, x\in[-3,0]$;

当 $x=-\frac{3}{2}$ 时,z 有最小值 $z=-\frac{3}{4}$,即 $f(-\frac{1}{2},-\frac{1}{2})=-\frac{3}{4}$;

当 $x=0$ 时,z 有最大值 $z=6$,即 $f(0,-3)=6$;

当 $x=-3$ 时,z 有最大值 $z=6$,即 $f(-3,0)=6$.

比较上述各个函数值得:$f(0,-3)=f(-3,0)=6$ 为最大值,$f(-1,-1)=-1$ 为最小值.

备注:此题的边界由三段直线组成,需分别讨论.

A 类题

1. 填空题

(1) 函数 $z=3x^2+4y^2$ 在点 $(0,0)$ 处有极_____(填"大"或"小")值.

(2) 函数 $z=2x^2-3y^2-4x-6y-1$ 的驻点是_____.

2. 选择题

(1) 设函数 $z=f(x,y)$ 具有二阶连续偏导数,在 $P_0(x_0,y_0)$ 处,有 $f_x(P_0)=0, f_y(P_0)=0, f_{xx}(P_0)=f_{yy}(P_0)=0, f_{xy}(P_0)=f_{yx}(P_0)=2$,则( ).

(A) 点 P_0 是函数 z 的极大值点 (B) 点 P_0 是函数 z 的极小值点
(C) 点 P_0 非函数 z 的极值点   (D) 条件不够,无法判定

(2) 设函数 $z=f(x,y)$ 在点 (x_0,y_0) 处可微,且 $f_x(x_0,y_0)=0, f_y(x_0,y_0)=0$,则函数 $f(x,y)$ 在 (x_0,y_0) 处( ).

(A) 必有极值,可能是极大,也可能是极小   (B) 可能有极值,也可能无极值
(C) 必有极大值   (D) 必有极小值

(3) 下列命题中正确的是( ).

(A) 若 $f(x)$ 在 $[a,b]$ 上可导,且存在唯一的极小值点 M_0,则 $f(M_0)$ 必是 $f(x)$ 在 $[a,b]$ 上的最小值

(B) 若 $f(x,y)$ 在有界闭域 D 内存在唯一的极小值点 M_0,则 $f(M_0)$ 必是 $f(x,y)$ 在 D 上的最小值

(C)若 $f(x,y)$ 在有界闭域 D 内取到最小值,且 M_0 是 $f(x,y)$ 在 D 内的唯一极小值点,则 $f(M_0)$ 必是 $f(x,y)$ 在 D 上的最小值

(D)连续函数 $f(x,y)$ 在有界闭域 D 上的最大、最小值可以都在 ∂D 上取到

3.求下列函数的极值点：

(1) $f(x,y) = 3axy - x^3 - y^3 \ (a>0)$;

(2) $z = x^2 - xy + y^2 - 2x + y$.

4.求函数 $f(x,y) = x^3 - y^3 + 3x^2 + 3y^2 - 9x$ 的极值.

5.求函数 $f(x,y) = x^2 - xy + y^2$ 在 $D = \{(x,y) \mid |x| + |y| \leq 1\}$ 上的最大值和最小值.

B 类题

1.设 $z = z(x,y)$ 是由 $x^2 - 6xy + 10y^2 - 2yz - z^2 + 18 = 0$ 确定的函数,求 $z = z(x,y)$ 的极值点和极值.

2.设函数 $z = f(x,y)$ 的全微分为 $dz = xdx + ydy$,判断点 $(0,0)$ 是否为 $f(x,y)$ 的极值点.

第三节 多元函数的条件极值

了解求条件极值的 Lagrange 乘数法,会求解一些较简单的应用问题.

1. 条件极值概念;
2. Lagrange 乘数法;
3. 应用问题.

例 1 从斜边长为 l 的一切直角三角形中,求有最大周长的直角三角形.

解 设直角三角形的两直角边之长分别为 x,y 则周长
$$S = x + y + l, \quad (0 < x < l, 0 < y < l)$$
因此,本题是在 $x^2 + y^2 = l^2$ 下的条件极值问题,作函数
$$F(x,y) = x + y + l + \lambda(x^2 + y^2 - l^2)$$
解方程组 $\begin{cases} F_x = 1 + 2\lambda x = 0 \\ F_y = 1 + 2\lambda y = 0 \\ x^2 + y^2 = l^2 \end{cases}$, 得唯一可能的极值点 $x = y = \dfrac{l}{\sqrt{2}}$.

根据问题性质可知这种最大周长的直角三角形一定存在,所以斜边长为 l 的一切直角三角形中,周长最大的是等腰直角三角形.

例 2 设圆 $x^2 + y^2 = 2y$ 含于椭圆 $\dfrac{x^2}{a^2} + \dfrac{y^2}{b^2} = 1$ 的内部,且圆与椭圆相切于两点(即在这两点圆与椭圆都有公共切线).

(1) 求 a 与 b 满足的等式;

(2) 求 a 与 b 的值,使椭圆的面积最小.

分析 由圆和椭圆的图形及已知条件可知:切点不在 y 轴上,利用题设容易求出第一问,而第二问属于条件极值问题,显然第二问需要利用第一问的结论.

解 (1) 设圆与椭圆相切于点 (x_0, y_0),则 (x_0, y_0) 既满足椭圆方程又满足圆方程,且在 (x_0, y_0) 处椭圆的切线斜率等于圆的切线斜率,即 $-\dfrac{b^2 x_0}{a^2 y_0} = -\dfrac{x_0}{y_0 - 1}$. 注意到 $x_0 \neq 0$,因此,点 (x_0, y_0) 应满足

$$\begin{cases} \dfrac{x_0^2}{a^2}+\dfrac{y_0^2}{b^2}=1 & (1) \\ x_0^2+y_0^2=2y_0 & (2) \\ \dfrac{b^2}{a^2 y_0}=\dfrac{1}{y_0-1} & (3) \end{cases}$$

由(1)和(2)式,得

$$\dfrac{b^2-a^2}{b^2}y_0^2-2y_0+a^2=0. \tag{4}$$

由(3)式得 $y_0=\dfrac{b^2}{b^2-a^2}$. 代入(4)式

$$\dfrac{b^2-a^2}{b^2}\cdot\dfrac{b^4}{(b^2-a^2)^2}-\dfrac{2b^2}{b^2-a^2}+a^2=0.$$

化简得

$$a^2=\dfrac{b^2}{b^2-a^2}, \quad 或 \quad a^2 b^2-a^4-b^2=0. \tag{5}$$

(2)按题意,需求椭圆面积 $S=\pi ab$ 在约束条件(5)下的最小值.
构造函数 $L(a,b,\lambda)=ab+\lambda(a^2 b^2-a^4-b^2)$.

令
$$\begin{cases} L_a=b+\lambda(2ab^2-4a^3)=0 & (6) \\ L_b=a+\lambda(2a^2 b-2b)=0 & (7) \\ L_\lambda=a^2 b^2-a^4-b^2=0 & (8) \end{cases}$$

由$(6)\cdot a-(7)\cdot b$,可得 $b^2=2a^4$,并注意到 $\lambda\neq 0$. 代入(8)式得

$$2a^6-a^4-2a^4=0,$$

故 $a=\dfrac{\sqrt{6}}{2}$. 从而 $b=\sqrt{2}a^2=\dfrac{3\sqrt{2}}{2}$.

在实际问题中,符合条件的椭圆面积的最小值是存在的,因此当 $a=\dfrac{\sqrt{6}}{2}, b=\dfrac{3\sqrt{2}}{2}$ 时,此椭圆的面积最小.

A 类题

1.选择题

(1)二元实值函数 $z=2x-y$ 在区域 $D=\{(x,y)\in R^2\mid 0\leqslant y\leqslant 1-|x|\}$ 上的最小值为( ).

(A) 0　　　　(B) -1　　　　(C) -2　　　　(D) -3

(2)设 $M(x,y,z)$ 为平面 $x+y+z=1$ 上的点,且该点到两定点 $(1,0,1),(2,0,1)$ 的距离平方之和为最小,则此点的坐标为( ).

(A) $(1, \frac{1}{2}, \frac{1}{2})$　　(B) $(1, -\frac{1}{2}, \frac{1}{2})$　　(C) $(1, -\frac{1}{2}, -\frac{1}{2})$　　(D) $(1, \frac{1}{2}, -\frac{1}{2})$

(3) 设函数 $f(x)$ 具有二阶连续偏导数,且 $f(x)>0, f'(0)=0$,则函数 $z=f(x)\ln f(y)$ 在点 $(0,0)$ 处取得极小值的一个充分条件是(　　).

(A) $f(0)>1, f''(0)>0$　　　　　　(B) $f(0)>1, f''(0)<0$

(C) $f(0)<1, f''(0)>0$　　　　　　(D) $f(0)<1, f''(0)<0$

2. 利用 Lagrange 乘数法,求函数 $f(x,y)=x^2+y^2$ 在条件 $x+y-1=0$ 下的极值.

3. 求点 $(2,8)$ 到抛物线 $y^2=4x$ 的最短距离.

4. 求空间一点 (x_0, y_0, z_0) 到平面 $Ax+By+Cz+D=0$ 的最短距离.

5. 在平面 $2x-y+z=2$ 上求一点,使该点到原点和 $(-1,0,2)$ 的距离平方和最小.

B 类题

1. 求函数 $z=x^2+y^2$ 在圆盘 $(x-\sqrt{2})^2+(y-\sqrt{2})^2\leqslant 9$ 上的最大值与最小值.

2. 在椭球面 $2x^2+2y^2+z^2=1$ 上求一点,使函数 $f(x,y,z)=x^2+y^2+z^2$ 在该点沿 $l=(1,-1,0)$ 方向的方向导数最大.

3. 求过第一卦限中点 (a,b,c) 的平面,使之与三坐标平面所围成的四面体的体积最小.

C 类题

若 a,b,c 均大于 0,证明不等式 $3\left(\dfrac{1}{a}+\dfrac{1}{b}+\dfrac{1}{c}\right)^{-1}\leqslant \sqrt[3]{abc}$.

第四节　偏导数的几何应用

了解一元向量值函数及其导数的概念与计算方法,了解空间曲线的切线和法平面及曲面的切平面和法线的概念,熟练掌握它们的方程的求法.

1. 一元向量值函数及其极限、连续性、导数的概念与计算方法;
2. 空间曲线的切线与法平面方程;
3. 空间曲面的切平面与法线方程.

例 1　求曲线 $\begin{cases} \dfrac{x^2}{4}+\dfrac{y^2}{4}+\dfrac{z^2}{4}=\dfrac{3}{4} \\ x-2y+z=0 \end{cases}$ 在点 $M(1,1,1)$ 处的切线方程.

解　方程组两边对 x 求全导数得 $\begin{cases} x+yy'+zz'=0 \\ 1-2y'+z'=0 \end{cases}$　解之得 $\begin{cases} y'=\dfrac{z-x}{y+2z} \\ z'=-\dfrac{y+2x}{y+2z} \end{cases}$

从而 $y'|_{(1,1,1)}=0, z'|_{(1,1,1)}=-1$,故 $\boldsymbol{T}=(1,0,-1)$.

切线方程 $\dfrac{x-1}{1}=\dfrac{y-1}{0}=\dfrac{z-1}{1}$

备注:一般地,

(1) 若 $\Gamma:\begin{cases} x=\varphi(t) \\ y=\psi(t) \\ z=\omega(t) \end{cases}$ 则在 $t=t_0$ 处,切向量 $\boldsymbol{T}=(\varphi'(t_0),\psi'(t_0),\omega'(t_0))$;

(2) 若 $\Gamma:\begin{cases} y=y(x) \\ z=z(x) \end{cases}$ 则在 $x=x_0$ 处,切向量 $\boldsymbol{T}=(1,y'(x_0),z'(x_0))$;

(3) 若 $\Gamma:\begin{cases} F(x,y,z)=0 \\ G(x,y,z)=0 \end{cases}$ 则在 $M_0(x_0,y_0,z_0)$ 点,切向量 $\boldsymbol{T}=(1,y'(x_0),z'(x_0))$

(注意条件),此例题属第三种情形.

例 2　求球面 $x^2+y^2+z^2-4=0$ 与圆柱面 $x^2+y^2-2x=0$ 的交线 Γ 在点 $P_0(1,1,\sqrt{2})$ 处的切线方程与法平面方程.

解　对两个曲面方程式两端求全微分,得

$$2x\,\mathrm{d}x+2y\,\mathrm{d}y+2z\,\mathrm{d}z=0,\quad 2x\,\mathrm{d}x+zy\,\mathrm{d}y-2\,\mathrm{d}x=0$$

在点 $P_0(1,1,\sqrt{2})$ 处,有
$$2\mathrm{d}x + 2\mathrm{d}y + 2\sqrt{2}\mathrm{d}z = 0, \quad 2\mathrm{d}x + 2\mathrm{d}y - 2\mathrm{d}x = 0,$$

解得 $\dfrac{\mathrm{d}y}{\mathrm{d}x} = 0, \quad \dfrac{\mathrm{d}z}{\mathrm{d}x} = \dfrac{-1}{\sqrt{2}}.$

于是 Γ 在点 P_0 的切向量为 $\boldsymbol{s} = \left(1, 0, -\dfrac{1}{\sqrt{2}}\right)$,

从而求得所求切线方程为
$$\frac{x-1}{1} = \frac{y-1}{0} = \frac{z-\sqrt{2}}{-\dfrac{1}{\sqrt{2}}}$$

即
$$\begin{cases} \dfrac{x-1}{-\sqrt{2}} = z - \sqrt{2} \\ y = 1 \end{cases}$$

法平面方程为
$$(x-1) - \frac{1}{\sqrt{2}}(z - \sqrt{2}) = 0,$$

即 $\sqrt{2}x - z = 0.$

例3 在椭球面 $\dfrac{x^2}{a^2} + \dfrac{y^2}{b^2} + \dfrac{z^2}{c^2} = 1$ 上求一切平面,它在坐标轴的正半轴截取相等的线段.

分析 只需按题设要求一步一步去完成即可,关键是建立切平面方程后,应注意到切点满足椭球面方程,最好把切平面方程化简成平面的截距式方程.

解 设 $F(x,y,z) = \dfrac{x^2}{a^2} + \dfrac{y^2}{b^2} + \dfrac{z^2}{c^2} - 1$,切点为 (x_0, y_0, z_0),$F_x = \dfrac{2x_0}{a^2}$,$F_y = \dfrac{2y_0}{b^2}$,$F_z = \dfrac{2z_0}{c^2}$,故该点处切平面的法向量为 $\boldsymbol{n} = \left(\dfrac{2x_0}{a^2}, \dfrac{2y_0}{b^2}, \dfrac{2z_0}{c^2}\right)$,切平面方程为 $\dfrac{2x_0}{a^2}(x - x_0) + \dfrac{2y_0}{b^2}(y - y_0) + \dfrac{2z_0}{c^2}(z - z_0) = 0$,即 $\dfrac{x}{\dfrac{a^2}{x_0}} + \dfrac{y}{\dfrac{b^2}{y_0}} + \dfrac{z}{\dfrac{c^2}{z_0}} = 1$.

依题意,有截距 $\dfrac{a^2}{x_0} = \dfrac{b^2}{y_0} = \dfrac{c^2}{z_0} = k (k > 0)$,即 $x_0 = \dfrac{a^2}{k}, y_0 = \dfrac{b^2}{k}, z_0 = \dfrac{c^2}{k}.$

由于切点在椭球面上,故有 $\dfrac{\left(\dfrac{a^2}{k}\right)^2}{a^2} + \dfrac{\left(\dfrac{b^2}{k}\right)^2}{b^2} + \dfrac{\left(\dfrac{c^2}{k}\right)^2}{c^2} = 1$,即 $\dfrac{a^2}{k^2} + \dfrac{b^2}{k^2} + \dfrac{c^2}{k^2} = 1$,

从而解得 $k = \sqrt{a^2 + b^2 + c^2}$,

于是有 $x_0 = \dfrac{a^2}{\sqrt{a^2+b^2+c^2}}, y_0 = \dfrac{b^2}{\sqrt{a^2+b^2+c^2}}, z_0 = \dfrac{c^2}{\sqrt{a^2+b^2+c^2}}$.

切平面方程为 $x+y+z = \sqrt{a^2+b^2+c^2}$.

A 类题

1. 选择题

(1) 下列做法正确的是( ).

(A) 设方程 $z^2 = x^2+y^2+a^2$, $F_x = 2zz_x - 2x$, $F_z = 2z$, 代入 $z_x = -\dfrac{F_x}{F_z}$, 得 $z_x = \dfrac{x}{2z}$

(B) 设方程 $z^2 = x^2+y^2+a^2$, $F_x = -2x$, $F_z = 2z$, 代入 $z_x = -\dfrac{F_x}{F_z}$, 得 $z_x = \dfrac{x}{z}$

(C) 求 $z = x^2+y^2$ 平行于平面 $2x+2y-z=0$ 的切平面,因为曲面法向量

$\boldsymbol{n} = (2x, 2y, -1) /\!/ (2, 2, -1)$, 所以 $\dfrac{2x}{2} = \dfrac{2y}{2} = \dfrac{-1}{-1}$, $\Rightarrow x=1, y=1, z=-1$

切平面方程为 $2(x-1)+2(y-1)-(z+1)=0$

(D) 求 $xyz = 8$ 平行于平面 $x+y+z=1$ 的切平面,因为曲面法向量

$\boldsymbol{n} = (yz, xz, xy) /\!/ (1, 1, 1)$, 所以 $\dfrac{yz}{1} = \dfrac{xz}{1} = \dfrac{xy}{1}$, $\Rightarrow x=y=z=1$

切平面方程为 $(x-1)+(y-1)+(z-1)=0$

(2) 曲面 $x^2+2y^2+3z^2 = 21$ 与平面 $x+4y+6z=0$ 平行的切平面方程是( ).

(A) $x+4y+6z = \pm\dfrac{21}{2}$ (B) $x+4y+6z = 21$

(C) $x+4y+6z = -21$ (D) $x+4y+6z = \pm 21$

(3) 平面 $2x+3y-z=\lambda$ 是曲面 $z = 2x^2+3y^2$ 在点 $(\dfrac{1}{2}, \dfrac{1}{2}, \dfrac{1}{2})$ 处的切平面,则 λ 的值是( ).

(A) $\dfrac{4}{5}$ (B) $\dfrac{5}{4}$ (C) 2   (D) $\dfrac{1}{2}$

(4) 曲面 $z = f(x,y)$ 在 $(x_0, -y_0)$ 的切平面方程是( ).

(A) $z = f(x_0, y_0) + f_x(x_0, y_0)(x-x_0) + f_y(x_0, y_0)(y-y_0)$

(B) $z = f(x_0, -y_0) - f_x(x_0, -y_0)(x-x_0) - f_y(x_0, -y_0)(y+y_0)$

(C) $z = f(x_0, -y_0) + f_x(x_0, -y_0)(x-x_0) + f_y(x_0, -y_0)(y+y_0)$

(D) $z = f(x_0, -y_0) + f_x(x_0, -y_0)(x-x_0) + f_y(x_0, -y_0)(y-y_0)$

(5) 设函数 $f(x,y)$ 在点 $(0,0)$ 附近有定义,且 $f_x(0,0) = -3, f_y(0,0) = 1$ 则( ).

(A) $\mathrm{d}z|_{(0,0)} = 3\mathrm{d}x + \mathrm{d}y$

(B) 曲面 $z = f(x,y)$ 在点 $(0, 0, f(0,0))$ 的法向量为 $(3, 1, 1)$

(C) 曲线 $\begin{cases} z=f(x,y) \\ y=0 \end{cases}$ 在点 $(0,0,f(0,0))$ 处的切向量为 $(-1,0,3)$

(D) 曲线 $\begin{cases} z=f(x,y) \\ y=0 \end{cases}$ 在点 $(0,0,f(0,0))$ 处的切向量为 $(3,0,1)$

2. 求下列曲线在指定点的切线和法平面方程：

(1) 曲线 $\begin{cases} x^2+y^2=R^2 \\ x^2+z^2=R^2 \end{cases}$ 在点 $\left(\dfrac{R}{\sqrt{2}},\dfrac{R}{\sqrt{2}},\dfrac{R}{\sqrt{2}}\right)$；

(2) 曲线 $L:\begin{cases} 3x^2+2y^2-2z-1=0 \\ x^2+y^2+z^2-4y-2z+2=0 \end{cases}$ 在点 $M(1,1,2)$.

3. 求下列曲面在指定点的切平面和法线方程：

(1) 曲面 $y-e^{2x-z}=0$，在点 $M(1,2,2)$；

(2) 曲面 $\dfrac{x^2}{a^2}+\dfrac{y^2}{b^2}+\dfrac{z^2}{c^2}=1$，在点 $\left(\dfrac{a}{\sqrt{3}},\dfrac{b}{\sqrt{3}},\dfrac{c}{\sqrt{3}}\right)$；

(3) 旋转抛物面 $z=x^2+y^2-1$，在点 $(2,1,4)$；

4. 已知曲面 $4x^2+y^2-z^2=1$ 上点 P 处的切平面平行于平面 $2x-y+z=1$，求切平面的方程．

B 类题

1. 证明曲面 $\sqrt{x}+\sqrt{y}+\sqrt{z}=\sqrt{a}\,(a>0)$ 上任意一点处的切平面在各个坐标轴上的截距之和等于 a.

2. 求 λ 的值,使两曲面: $xyz=\lambda$ 与 $\dfrac{x^2}{a^2}+\dfrac{y^2}{b^2}+\dfrac{z^2}{c^2}=1$ 在第一卦限内相切,并求出在切点处两曲面的公共切平面方程.

3. 求曲面 $y=1-x^2$ 与曲面 $2x+z=3$ 的交线上一点,使交线在该点处的切线平行于已知直线 $\dfrac{x}{-1}=\dfrac{y}{4}=\dfrac{z}{2}$,并求交线在该点处的法平面.

第四章 第一型曲线积分和曲面积分

第一节 第一型曲线积分

理解第一型曲线积分的概念，了解其性质，会计算第一型曲线积分并会用第一型曲线积分表达并计算一些几何量和物理量．

1. 第一型曲线积分的概念与性质，以及积分存在的条件；
2. 第一型曲线积分的计算法．

例 1 计算 $\int_{\Gamma}(x^2+2y^2+z^2)\mathrm{d}s$，其中 Γ 是曲面 $x^2+y^2+z^2=\dfrac{9}{2}$ 与平面 $x+z=1$ 的交线．

分析 本题的关键是将曲线 Γ 用参数方程表示．

解 由 $x+z=1$ 得 $z=1-x$，将其代入 $x^2+y^2+z^2=\dfrac{9}{2}$ 中得 $\dfrac{\left(x-\dfrac{1}{2}\right)^2}{2}+\dfrac{y^2}{4}=1$，

该式可写成参数方程 $\begin{cases} x=\sqrt{2}\cos t+\dfrac{1}{2} \\ y=2\sin t \end{cases}(0\leqslant t\leqslant 2\pi)$，于是 $z=\dfrac{1}{2}-\sqrt{2}\cos t$．因此

$$\int_{\Gamma}(x^2+2y^2+z^2)\mathrm{d}s=\int_0^{2\pi}\left(\dfrac{9}{2}+4\sin^2 t\right)\sqrt{(-\sqrt{2}\sin t)^2+(2\cos t)^2+(\sqrt{2}\sin t)^2}\,\mathrm{d}t$$

$$=\int_0^{2\pi}(9+8\sin^2 t)\mathrm{d}t=26\pi.$$

例 2 设 L 为椭圆 $\dfrac{x^2}{4}+\dfrac{y^2}{3}=1$，其周长记为 a，计算 $\oint_L(2xy+3x^2+4y^2)\mathrm{d}s$．

解 原式 $=\oint_L 2xy\,\mathrm{d}s+\oint_L(3x^2+4y^2)\mathrm{d}s$，由对称性得 $\oint_L 2xy\,\mathrm{d}s=0$，由 L 的方程知 L

上的点 (x,y) 满足 $3x^2+4y^2=12$，因此 $\oint_L (3x^2+4y^2)ds = 12\oint_L ds = 12a$，于是 $\oint_L (2xy+3x^2)+4y^2 ds = 12a$.

A 类题

1. 回答下列问题：

(1) 如何利用微元法求曲线的质量？

(2) 第一型曲线积分的定义是什么？

(3) 第一型曲线积分的线性性质和可加性指的是什么？

(4) 计算第一型曲线积分的基本方法是什么？

2. 计算下列弧长的曲线积分：

(1) $\int_L (x+y)ds$，其中 L 是以 $O(0,0), A(1,0), B(0,1)$ 为顶点的三角形；

(2) $\oint_L \sqrt{x^2+y^2}\,\mathrm{d}s$, L 为圆周 $x^2+y^2=ax\,(a>0)$;

(3) $\int_L y\,\mathrm{d}s$, L 为抛物线 $y^2=2x$ 上从点 $(0,0)$ 到点 $(2,2)$ 的一段弧;

(4) $\int_L |y|\,\mathrm{d}s$, 其中 L 为球面 $x^2+y^2+z^2=2$ 与平面 $x=y$ 的交线;

(5) $\int_L z\,\mathrm{d}s$, L 为圆锥螺线 $x=t\cos t, y=t\sin t, z=t\,(0\leqslant t\leqslant t_0)$;

(6) $\int_L x^2 \mathrm{d}s$, L 为圆周 $\begin{cases} x^2+y^2+z^2=4 \\ z=\sqrt{3} \end{cases}$；

(7) $\int_\Gamma (5yz-9xy)\mathrm{d}s$，$\Gamma$ 是从 $A(1,0,1)$ 到点 $B(3,3,7)$ 的直线段；

(8) $\int_\Gamma \dfrac{z^2}{x^2+y^2}\mathrm{d}s$，其中 Γ 为 $x=a\cos t$，$y=a\sin t$，$z=at$，$0 \leqslant t \leqslant 2\pi$.

3. 已知曲线 $x=a$，$y=at$，$z=\dfrac{1}{2}at^2$，$(0 \leqslant t \leqslant 1, a>0)$ 上点 (x,y,z) 处的线密度 $\mu=\sqrt{\dfrac{2z}{a}}$，试求此曲线的质量.

B 类题

1. $\int_L xyz\,\mathrm{d}s$，其中 L 为曲线 $x=t$，$y=\dfrac{2\sqrt{2t^3}}{3}$，$z=\dfrac{1}{2}t^2$ 上相应于 t 从 0 变到 1 的一段弧.

2. $\int_L x^2\,\mathrm{d}s$，其中 L 为球面 $x^2+y^2+z^2=a^2$ 和平面 $x+y+z=0$ 的交线.

3. 求摆线 $x=a(t-\sin t)$，$y=a(1-\cos t)$（$0\leqslant t\leqslant \pi$）的弧的质心.

C 类题

试利用对称性求 $\oint_\Gamma (x-2y+3z^2)\,\mathrm{d}s$，其中 Γ 为球面 $x^2+y^2+z^2=a^2$ 与平面 $x+y+z=0$ 的交线.

第二节　第一型曲面积分

了解第一型曲面积分的概念、性质及其计算方法,并会用它求一些几何量和物理量.

对面积的曲面积分(第一型曲面积分)的概念、性质、存在条件及计算法.

例 1 计算 $\iint_\Sigma \sqrt{\dfrac{1-x^2-y^2}{4-z^2}}\,\mathrm{d}S$,其中 Σ 为曲面 $x^2+y^2+\dfrac{z^2}{2}=1, z\leqslant 1$ 位于第一和第八卦限的部分.

解　用平面 $z=0$ 将曲面 Σ 分为 Σ_1 和 Σ_2 两片,$\Sigma_1: z=\sqrt{2(1-x^2-y^2)}$,它在 xOy 面上的投影区域为

$$D_1=\left\{(x,y)\,\Big|\,\dfrac{1}{2}\leqslant x^2+y^2\leqslant 1, x\geqslant 0, y\geqslant 0\right\}$$

$\Sigma_2: z=-\sqrt{2(1-x^2-y^2)}$,它在 xOy 面上的投影区域为

$$D_2=\{(x,y)\,|\,x^2+y^2\leqslant 1, x\geqslant 0, y\geqslant 0\}$$

$$\iint_{\Sigma_1}\sqrt{\dfrac{1-x^2-y^2}{4-z^2}}\,\mathrm{d}S=\iint_{D_1}\sqrt{\dfrac{1-x^2-y^2}{4-(2-2x^2-2y^2)}}\times\sqrt{\dfrac{1+x^2+y^2}{1-x^2-y^2}}\,\mathrm{d}x\,\mathrm{d}y$$

$$=\iint_{D_1}\sqrt{\dfrac{1}{2}}\,\mathrm{d}x\,\mathrm{d}y=\dfrac{\sqrt{2}}{16}\pi$$

$$\iint_{\Sigma_2}\sqrt{\dfrac{1-x^2-y^2}{4-z^2}}\,\mathrm{d}S=\iint_{D_2}\sqrt{\dfrac{1}{2}}\,\mathrm{d}x\,\mathrm{d}y=\dfrac{\sqrt{2}}{8}\pi$$

$$\iint_\Sigma\sqrt{\dfrac{1-x^2-y^2}{4-z^2}}\,\mathrm{d}S=\iint_{\Sigma_1}\sqrt{\dfrac{1-x^2-y^2}{4-z^2}}\,\mathrm{d}S+\iint_{\Sigma_2}\sqrt{\dfrac{1-x^2-y^2}{4-z^2}}\,\mathrm{d}S=\dfrac{3\sqrt{2}}{16}\pi.$$

A 类题

1.回答下列问题:

(1)如何利用微元法求空间曲面的面积?

(2)第一型曲面积分的定义是什么？其物理背景如何？

(3)第一型曲面积分的线性性质和可加性指的是什么？

(4)计算第一型曲面积分的基本方法是什么？

2.计算下列第一型曲面积分：

(1) $\iint\limits_{\Sigma}(z+2x+\dfrac{4}{3}y)\mathrm{d}S$，其中 $\sum$ 为平面 $\dfrac{x}{2}+\dfrac{y}{3}+\dfrac{z}{4}=1$ 在第一卦限中的部分；

(2) $\iint\limits_{\Sigma}\dfrac{\mathrm{d}S}{(1+x+y)^2}$，$\sum$ 为四面体 $x+y+z\leqslant 1, x\geqslant 0, y\geqslant 0, z\geqslant 0$ 的边界曲面；

(3) $\iint\limits_{\Sigma}(x+y+z)\mathrm{d}S$，$\sum$ 为上半球面 $z=\sqrt{a^2-x^2-y^2}$；

(4) $\iint\limits_{\Sigma} |xyz|\,\mathrm{d}S$，$\Sigma$ 为曲面 $z = x^2 + y^2$ 被平面 $z = 1$ 所割的下面的部分；

(5) $\iint\limits_{\Sigma} \dfrac{1}{x^2 + y^2 + z^2}\mathrm{d}S$，其中 Σ 是介于平面 $z = 0$ 及 $z = H$ 之间的圆柱面 $x^2 + y^2 = R^2$.

3. $\iint\limits_{\Sigma}(xy + yz + zx)\,\mathrm{d}S$，$\Sigma$ 为锥面 $z = \sqrt{x^2 + y^2}$ 被曲面 $x^2 + y^2 = 2ax\,(a > 0)$ 所截得的有限部分.

B 类题

1. 求曲面 $z = \sqrt{x^2 + y^2}$ 包含在圆柱面 $x^2 + y^2 = 2x$ 内那一部分面积.

2. 求球面 $z=\sqrt{a^2-x^2-y^2}$ 在柱面 $x^2+y^2=ax$ 内部的表面积.

3. 求平面 $x+y=1$ 上被坐标面与曲面 $z=xy$ 截下的在第一卦限部分的面积.

C 类题

设 $\sum$ 为椭球面 $\dfrac{x^2}{2}+\dfrac{y^2}{2}+z^2=1$ 的上半部分,点 $P(x,y,z)\in\sum$,π 为 $\sum$ 在点 P 的切平面,$\rho(x,y,z)$ 为原点到平面 π 的距离. 求 $\iint\limits_{\sum}\dfrac{z}{\rho(x,y,z)}\mathrm{d}S$.

第五章　第二型曲面积分(二)

第一节　第二型曲面积分

了解第二型曲面积分的概念,性质及其计算方法,并会用它求一些几何量和物理量.

对坐标的曲面积分(第二型曲面积分)的概念、性质、存在条件及计算法.

例 1　设 $P(x,y,z),Q(x,y,z),R(x,y,z)$ 是连续函数,$\sum$ 为一光滑曲面,其面积为 A,且 M 是 $\sqrt{P^2+Q^2+R^2}$ 在 $\sum$ 上的最大值,证明 $\left|\iint\limits_{\sum} P\,dy\,dz+Q\,dz\,dx+R\,dx\,dy\right| \leqslant MA$.

分析　第二型曲线、曲面积分不易比较大小,应化为第一型曲线、曲面积分或重积分、定积分后再进行估值证不等式.

证明　由于估计的是第二型曲面积分的绝对值,故 $\sum$ 的方向可任选一个,其法向量的方向余弦为 $\cos\alpha,\cos\beta,\cos\gamma$,则

$$\left|\iint\limits_{\sum} P\,dy\,dz+Q\,dz\,dx+R\,dx\,dy\right| = \left|\iint\limits_{\sum}(P\cos\alpha+Q\cos\beta+R\cos\gamma)\,dS\right|$$

$$\leqslant \iint\limits_{\sum}|P\cos\alpha+Q\cos\beta+R\cos\gamma|\,dS$$

$$\leqslant \iint\limits_{\sum}|(P,Q,R)\cdot(\cos\alpha,\cos\beta,\cos\gamma)|\,dS$$

$$\leqslant \iint\limits_{\sum}\sqrt{P^2+Q^2+R^2}\,dS \leqslant \iint\limits_{\sum}M\,dS = MA.$$

例 2 计算曲面积分 $\iint\limits_{\Sigma}(2x+z)\mathrm{d}y\mathrm{d}z+z\mathrm{d}x\mathrm{d}y$,其中 Σ 为有向曲面 $z=x^2+y^2(0\leqslant z\leqslant 1)$ 的上侧.

分析 化为第一型曲面积分进行计算.

解 由于 Σ 上的任一点 (x,y,z) 处的单位法向量

$$\boldsymbol{n}=\frac{1}{\sqrt{1+z_x^2+z_y^2}}(-z_x,-z_y,1)=\frac{1}{\sqrt{1+4x^2+4y^2}}(-2x,-2y,1),$$

故

$$\iint\limits_{\Sigma}(2x+z)\mathrm{d}y\mathrm{d}z+z\mathrm{d}x\mathrm{d}y=\iint\limits_{\Sigma}\frac{(2x+z)\cdot(-2x)+z}{\sqrt{1+4x^2+4y^2}}\mathrm{d}S$$

$$=\iint\limits_{D_{xy}}\frac{(2x+x^2+y^2)\cdot(-2x)+x^2+y^2}{\sqrt{1+4x^2+4y^2}}\cdot\sqrt{1+4x^2+4y^2}\mathrm{d}x\mathrm{d}y$$

$$=\iint\limits_{D_{xy}}[-4x^2-2x(x^2+y^2)+(x^2+y^2)]\mathrm{d}x\mathrm{d}y=-\frac{\pi}{2}.$$

注:该题也可以考虑用极坐标或者下一节的高斯公式进行计算.

A 类题

1.回答下列问题:

(1)什么是双侧曲面?当曲面方程为 $z=f(x,y)$ 时,曲面的上侧与下侧如何通过法向量来表示?

(2)引进第二型曲面积分的物理背景是什么?

(3)计算第二型曲面积分的基本方法是什么?

(4)第二型曲面积分与第一型曲面积分有何联系?

2. 计算下列第二型曲面积分：

(1) $\iint\limits_{S} y(x-z)\mathrm{d}y\mathrm{d}z + x^2 \mathrm{d}z\mathrm{d}x + (y^2+xz)\mathrm{d}x\mathrm{d}y$，其中 S 为由 $x=y=z=0, x=y=z=a$ 六个平面所围成的立方体表面并取外侧为正向；

(2) $\iint\limits_{\Sigma} x\,\mathrm{d}y\mathrm{d}z + z\,\mathrm{d}x\mathrm{d}y$，$\Sigma$ 是平面 $x+y+z=1, x=0, y=0, z=0$ 围成的四面体的外侧；

(3) $\iint\limits_{S} xy\,\mathrm{d}y\mathrm{d}z + yz\,\mathrm{d}z\mathrm{d}x + xz\,\mathrm{d}x\mathrm{d}y$，其中 S 是由平面 $x=y=z=0, x+y+z=1$ 所围成的四面体表面并取外侧为正向；

(4) $\iint\limits_{S} yz\,\mathrm{d}z\mathrm{d}x$，其中 S 是球面 $x^2+y^2+z^2=1$ 的上半部分并取外侧为正向.

3. 把曲面积分 $\iint\limits_{\Sigma} P(x,y,z)\mathrm{d}y\mathrm{d}z + Q(x,y,z)\mathrm{d}z\mathrm{d}x + R(x,y,z)\mathrm{d}x\mathrm{d}y$ 化成第一型曲面积分，其中

(1) Σ 是平面 $x-2y+3z=6$ 在第四卦限部分的上侧；

(2) Σ 是半球面 $z=\sqrt{a^2-x^2-y^2}$，$a>0$ 的上侧.

4. 计算积分 $\oiint\limits_{\Sigma}(x+y)\mathrm{d}y\mathrm{d}z + (y-z)\mathrm{d}z\mathrm{d}x + (z+3x)\mathrm{d}x\mathrm{d}y$，$\Sigma$ 为球面 $x^2+y^2+z^2=R^2$ 取外侧.

B 类题

1. 计算第二型曲面积分 $I = \iint\limits_{S} f(x)\mathrm{d}y\mathrm{d}z + g(y)\mathrm{d}z\mathrm{d}x + h(z)\mathrm{d}x\mathrm{d}y$，其中 S 是平行六面体 $0 \leqslant x \leqslant a, 0 \leqslant y \leqslant b, 0 \leqslant z \leqslant c$ 的表面，并取外侧为正向，$f(x), g(y), h(z)$ 为连续函数.

2. 已知 $f(x,y,z)$ 连续，$\sum$ 是平面 $x - y + z = 1$ 在第四卦限部分的上侧，计算
$$\iint\limits_{\sum} [f(x,y,z) + x]\mathrm{d}y\mathrm{d}z + [2f(x,y,z) + y]\mathrm{d}z\mathrm{d}x + [f(x,y,z) + z]\mathrm{d}x\mathrm{d}y.$$
（提示：利用两类曲面积分的联系，化为第一型曲面积分计算）.

3. 计算 $\iint\limits_{\Sigma}(x^2\cos\alpha + y^2\cos\beta + z^2\cos\gamma)\mathrm{d}S$,其中 Σ 为锥面 $x^2+y^2=z^2(0\leqslant z\leqslant h)$, $\boldsymbol{n}=(\cos\alpha,\cos\beta,\cos\gamma)$ 为 Σ 的朝下的单位法向量.

第二节　高斯公式　通量与散度

了解高斯公式,会用高斯公式计算第二型曲面积分.

高斯公式.

例 计算积分 $\oiint\limits_{\Sigma}\dfrac{x^3\mathrm{d}y\mathrm{d}z+y^3\mathrm{d}z\mathrm{d}x+z^3\mathrm{d}x\mathrm{d}y}{2-\sqrt{x^2+y^2+z^2}}$, Σ 为球面 $x^2+y^2+z^2=9$ 的外侧.

分析 曲面 Σ 是封闭的且取外侧,考虑用高斯公式,但被积函数比较复杂且在曲面 $x^2+y^2+z^2=4$ 上无定义,不适合用高斯公式,由于被积函数的变量 x,y,z 总在 Σ 上,满足 $x^2+y^2+z^2=9$,将其代入被积函数中化简后再考虑用高斯公式.

解 曲面 Σ 围成的区域记为 Ω.

$$\begin{aligned}\oiint\limits_{\Sigma}\dfrac{x^3\mathrm{d}y\mathrm{d}z+y^3\mathrm{d}z\mathrm{d}x+z^3\mathrm{d}x\mathrm{d}y}{2-\sqrt{x^2+y^2+z^2}} &= -\oiint\limits_{\Sigma}x^3\mathrm{d}y\mathrm{d}z+y^3\mathrm{d}z\mathrm{d}x+z^3\mathrm{d}x\mathrm{d}y\\ &= -3\iiint\limits_{\Omega}(x^2+y^2+z^2)\mathrm{d}x\mathrm{d}y\mathrm{d}z\\ &= -3\iiint\limits_{\Omega}r^2\cdot r^2\sin\varphi\mathrm{d}r\mathrm{d}\varphi\mathrm{d}\theta\\ &= -3\int_0^{2\pi}\mathrm{d}\theta\int_0^{\pi}\mathrm{d}\varphi\int_0^3 r^4\sin\varphi\mathrm{d}r = -\dfrac{2916\pi}{5}.\end{aligned}$$

A 类题

1. 回答下列问题：
(1) 高斯公式成立的条件是什么？

(2) 散度的物理意义是什么？在直角坐标系中向量场的散度的计算公式是怎样的？

2. $\oiint\limits_{S} x^3 \mathrm{d}y\mathrm{d}z + y^3 \mathrm{d}z\mathrm{d}x + z^3 \mathrm{d}x\mathrm{d}y$，其中 S 是单位球面 $x^2 + y^2 + z^2 = 1$ 的外侧．

3. $\oiint\limits_{S} x^2 \mathrm{d}y\mathrm{d}z + y^2 \mathrm{d}z\mathrm{d}x + z^2 \mathrm{d}x\mathrm{d}y$，其中 S 是立方体 $0 \leqslant x, y, z \leqslant a$ 表面的外侧．

4. $\oiint\limits_{\Sigma} x^2 \mathrm{d}y\mathrm{d}z + y^2 \mathrm{d}z\mathrm{d}x + z^2 \mathrm{d}x\mathrm{d}y$，其中 Σ 是由抛物面 $z = x^2 + y^2$ 与平面 $z = 1$ 所围成的立体的表面的外侧．

5. 求流速场 $\boldsymbol{V}=yz\boldsymbol{i}+xz\boldsymbol{j}+xy\boldsymbol{k}$ 在单位时间内流过圆柱面 $x^2+y^2=a^2(0\leqslant z\leqslant h)$ 的全表面外侧的流量.

6. 计算 $\iint\limits_{S} x^3\mathrm{d}y\mathrm{d}z+y^3\mathrm{d}z\mathrm{d}x+z^3\mathrm{d}x\mathrm{d}y$,其中 S 是单位球面 $x^2+y^2+z^2=1$ 的下半部分的上侧.

B 类题

1. 计算 $\iint\limits_{\Sigma}(x-z)^2\mathrm{d}y\mathrm{d}z+(y-x)^2\mathrm{d}z\mathrm{d}x+(z-y)^2\mathrm{d}x\mathrm{d}y$,其中 Σ 是上半球面 $z=\sqrt{R^2-x^2-y^2}$ 的上侧.

2. 计算积分 $\iint\limits_{\Sigma}(x^3-yz)\mathrm{d}y\mathrm{d}z-2x^2y\mathrm{d}z\mathrm{d}x+z\mathrm{d}x\mathrm{d}y$，其中 Σ 是柱面 $x^2+y^2=1$ 被平面 $z=0, z=1$ 所截的在第一与第二卦限内的部分的右侧.

C 类题

1. 求 $\oiint\limits_{\Sigma}\dfrac{1}{r^2}\cos(\widehat{\boldsymbol{r},\boldsymbol{n}})\mathrm{d}S$，其中 Σ 为不经过原点的闭曲面，$\boldsymbol{n}$ 为 Σ 朝外的单位法向量，$\boldsymbol{r}=(x,y,z), r=|\boldsymbol{r}|$.

2. 设曲面 Σ 是曲面 $1-\dfrac{z}{7}=\dfrac{(x-2)^2}{25}+\dfrac{(y-1)^2}{16}$ $(z\geqslant 0)$ 的上侧，计算曲面积分 $\iint\limits_{\Sigma}\dfrac{x\mathrm{d}y\mathrm{d}z+y\mathrm{d}z\mathrm{d}x+z\mathrm{d}x\mathrm{d}y}{(x^2+y^2+z^2)^{\frac{3}{2}}}$.

第三节 斯托克斯公式 环流量与旋度

了解斯托克斯公式.

斯托克斯公式.

例 计算 $I = \oint_{\Gamma}(y+1)\mathrm{d}x + (z+2)\mathrm{d}y + (x+3)\mathrm{d}z$，其中 Γ 为球面 $x^2 + y^2 + z^2 = 1$ 与平面 $y = -z$ 的交线，且从 z 轴的正向看去，Γ 的方向为逆时针的.

分析 Γ 为一空间闭曲线可考虑用参数方程直接化为定积分，或用斯托克斯公式化为对面积的曲面积分，还可以化为 Γ 在坐标面上的投影曲线上的积分.

解 利用斯托克斯公式，取 Σ 为平面 $y = -z$ 的上侧被 Γ 所围的部分，$z_x = 0$，$z_y = -1$，Σ 的单位法向量为 $\boldsymbol{n} = \left(0, \dfrac{1}{\sqrt{2}}, \dfrac{1}{\sqrt{2}}\right)$，即 $\cos\alpha = 0, \cos\beta = \dfrac{1}{\sqrt{2}}, \cos\gamma = \dfrac{1}{\sqrt{2}}$，

Σ 在 xOy 面上的投影区域为 $D = \{(x,y) \mid x^2 + 2y^2 \leqslant 1\}$，则

$$I = \iint_{\Sigma}\begin{vmatrix} 0 & \dfrac{1}{\sqrt{2}} & \dfrac{1}{\sqrt{2}} \\ \dfrac{\partial}{\partial x} & \dfrac{\partial}{\partial y} & \dfrac{\partial}{\partial z} \\ y+1 & z+2 & x+3 \end{vmatrix} \mathrm{d}S = \iint_{\Sigma}(-\sqrt{2})\mathrm{d}S = -2\iint_{D}\mathrm{d}x\mathrm{d}y = -\sqrt{2}\pi.$$

A 类题

1. 回答下列问题：

(1) 斯托克斯公式成立的条件是什么？

(2) 旋度的物理意义是什么？在直角坐标系中向量场的旋度的计算公式是怎样的？

2. 求下列向量场 $\boldsymbol{A}$ 的旋度：

(1) $\boldsymbol{A}=(yz^2,zx^2,xy^2)$；

(2) $\boldsymbol{A}=(x^2-xy,y^2-yz,z^2-zx)$.

3. $\oint_L (y^2+z^2)dx+(x^2+z^2)dy+(x^2+y^2)dz$，其中 L 为 $x+y+z=1$ 与三坐标面的交线，它的走向使所围平面区域上侧在曲线的左侧.

4. 计算 $\oint_\Gamma 3ydx-xzdy+yz^2dz$，其中 Γ 为曲面 $x^2+y^2=2z$ 与 $z=2$ 的交线，若从 z 轴正向看去 Γ 取逆时针方向.

5. $\oint_L x^2y^3dx+dy+dz$，其中 L 为 $y^2+z^2=1$，$x=y$ 所交椭圆的正向.

B 类题

1. 若 L 是平面 $x\cos\alpha + y\cos\beta + z\cos\gamma - p = 0$ 上的闭曲线,它所包围的区域的面积为 S,求 $\oint_L \begin{vmatrix} dx & dy & dz \\ \cos\alpha & \cos\beta & \cos\gamma \\ x & y & z \end{vmatrix}$,其中 L 依正向进行.

2. 计算 $I = \oint_\Gamma (y-z)dx + (z-x)dy + (x-y)dz$,其中 Γ 为圆柱面 $x^2 + y^2 = a^2$ 和 $\dfrac{x}{a} + \dfrac{z}{b} = 1$ 的交线,Γ 的方向为从 z 轴正向看去椭圆取逆时针.

第六章 常微分方程(二)

第一节 二阶微分方程

了解二阶微分方程(包括可降阶的二阶微分方程,二阶线性微分方程,二阶常系数线性微分方程以及二阶变系数线性微分方程)的定义,会求这几类二阶微分方程的通解.

1. 可降阶的二阶微分方程,二阶线性微分方程,二阶常系数线性微分方程以及二阶变系数线性微分方程的定义;
2. 会求解二阶微分方程,以及几种特殊的二阶变系数线性微分方程的通解.

例 1 求微分方程 $xy''+y'=\mathrm{e}^x$ 的通解.

分析 方程不显含有 y,属于 $y''=f(x,y')$ 型.

解 令 $y'=p(x)$,则 $y''=\dfrac{\mathrm{d}p}{\mathrm{d}x}$,代入方程得

$$xp'+p=\mathrm{e}^x \quad \text{或} \quad p'+\frac{1}{x}p=\frac{1}{x}\mathrm{e}^x$$

这是个一阶线性微分方程,其通解为

$$p=\frac{C_1}{x}+\frac{\mathrm{e}^x}{x}$$

即

$$y'=\frac{C_1}{x}+\frac{\mathrm{e}^x}{x}$$

故

$$y=C_1\ln x+\int\frac{\mathrm{e}^x}{x}\mathrm{d}x+C_2, \text{其中} C_1,C_2 \text{是任意常数}.$$

例 2 求微分方程 $y''+2ky'+y=0$ 的通解,其中 k 为实常数.

分析 这是个标准的二阶常系数齐次线性微分方程,因而只要求出其特征方程的根,然后根据根的情况即可写出通解.

解 微分方程的特征方程 $r^2+2kr+1=0$ 的两个特征根为
$$r_{1,2}=-k\pm\sqrt{k^2-1}$$
当 $|k|=1$ 时，r_1,r_2 为两个相等实根，故所给微分方程的通解为
$$y=(C_1+C_2x)e^{-kx}$$
当 $|k|>1$ 时，r_1,r_2 为两个不相等的实根，故所给微分方程的通解为
$$y=C_1e^{(-k+\sqrt{k^2-1})x}+C_2e^{(-k-\sqrt{k^2-1})x}$$
当 $|k|<1$ 时，r_1,r_2 是一对共轭复根，故所给微分方程的通解为
$$y=e^{-kx}[C_1\cos(\sqrt{1-k^2}x)+C_2\sin(\sqrt{1-k^2}x)]$$
其中 C_1,C_2 任意常数.

例 3 求微分方程 $y''+4y=4x^2$ 的通解.

分析 先求齐次通解，再求非齐次特解.

解 (1) 求相应的齐次方程 $y''+4y=0$ 的通解，特征方程 $r^2+4=0$ 的特征根为 $r_{1,2}=\pm 2i$，故齐次方程的通解为
$$\overline{Y}=C_1\cos 2x+C_2\sin 2x.$$

(2) 求非齐次方程的某个特解，此题中 $f(x)=4x^2$ 属于 $f(x)=e^{\lambda x}p_m(x)$ 型，因 $\lambda=0$ 不是特征方程的根，故方程的特解应具有下面形式
$$y^*=Ax^2+Bx+C$$
将 y^* 代入微分方程得
$$2A+4(Ax^2+Bx+C)=4x^2$$
比较上式两端 x 同次幂的系数得
$$\begin{cases}4A=4\\4B=0\\2A+4C=0\end{cases}\quad\text{即有}\quad\begin{cases}A=1\\B=0\\C=-\dfrac{1}{2}\end{cases}$$

于是特解为 $y^*=x^2-\dfrac{1}{2}$，故原方程的通解为
$$y=\overline{Y}+y^*=C_1\cos 2x+C_2\sin 2x+x^2-\dfrac{1}{2}$$
其中 C_1,C_2 任意常数.

A 类题

1. 选择题：

(1) 微分方程 $y''-4y'-5y=e^{-x}+\sin 5x$ 有形如（　　）的特解.

(A) $y=ae^{-x}+b\sin 5x$　　　　　　(B) $y=ae^{-x}+b\cos 5x+c\sin 5x$

(C) $y=axe^{-x}+b\sin 5x$　　　　　　(D) $y=axe^{-x}+b\cos 5x+c\sin 5x$

(2)设 $y=e^x(C_1\sin x+C_2\cos x)$ 为某二阶常系数线性齐次方程的通解,则该方程为( ).

(A) $y''-2y'+2y=0$　　　　　　(B) $y''-2y'+y=0$

(C) $y''-2y'-2y=0$　　　　　　(D) $y''-2y'-y=0$

(3)设线性无关的函数 y_1,y_2,y_3 都是微分方程 $y''+p(x)y'+q(x)y=f(x)$ 的解,则此微分方程的通解为(　　).

(A) $y=C_1y_1+C_2y_2+y_3$　　　　(B) $y=C_1y_1+C_2y_2+(1-C_1-C_2)y_3$

(C) $y=C_1y_1+C_2y_2-(1-C_1-C_2)y_3$　(D) $y=C_1y_1+C_2y_2-(C_1+C_2)y_3$

2. 求解下列微分方程的通解:

(1) $y''=\dfrac{1}{x}y'$;　　　　　　(2) $y''-y'-x=0$;

(3) $y^3y''-1=0$;　　　　　　(4) $2y''+y'-y=2e^x$.

3. 已知方程 $(1-\ln x)y''+\dfrac{1}{x}y'-\dfrac{1}{x^2}y=0$ 的一个解 $y_1=\ln x$,求其通解.

4. 求下列方程的通解:

(1) $2y''+2y'=5x^2-2x-1$;　　　(2) $x^2y''+xy'-y=0$;

(3) $x^2 y'' - xy' + 2y = x\ln x$;

(4) $x^2 y'' + 2x^2(\tan y)y'^2 + xy' - \sin y\cos y = 0$;

(5) $(2x+1)^2 y'' - 4(2x+1)y' + 8y = 0$.

5. 求下列二阶 Euler 方程的通解:
(1) $x^2 y'' - 4xy' + 6y = x$; (2) $x^2 y'' - xy' + 4y = x\sin(\ln x)$.

6. 设 $f(x)$ 为连续函数,且满足 $f(x) = \sin x - \int_0^x (x-t)f(t)\mathrm{d}t$,求 $f(x)$.

7. 设 $f(x)$ 二阶连续可导,$f'(0) = 0$,满足积分方程 $f(x) = 1 - \dfrac{1}{5}\int_0^x [f''(t) - 4f(t)]\mathrm{d}t$,求 $f(x)$.

B 类题

1. 设二阶常系数线性微分方程 $y''+\alpha y'+\beta y=\gamma e^x$ 的一个特解为 $y=e^{2x}+(1+x)e^x$，试确定常数 α,β,γ，并求该方程的通解.

2. 设函数 $\varphi(x)$ 有连续的二阶导数，并使曲线积分
$$\int_L [3\varphi'(x)-2\varphi(x)+xe^{2x}]y\,dx+\varphi'(x)\,dy$$
与路径无关，求 $\varphi(x)$.

3. 设 $f(0)=0,f'(x)=1+\int_0^x 6\sin^2 t-f(t)\,dt$，其中 $f(x)$ 二阶可导，求 $f(x)$.

4. 设函数 $y=y(x)$ 满足微分方程 $y''-3y'+2y=2e^x$ 且其图形在点 $(0,1)$ 处的切线与曲线 $y=x^2-x+1$ 在该点处的切线重合，求函数 $y=y(x)$.

C 类题

设 $u = u(\sqrt{x^2+y^2})$ 具有连续的二阶偏导数,且满足 $\dfrac{\partial^2 u}{\partial x^2} + \dfrac{\partial^2 u}{\partial y^2} - \dfrac{1}{x}\dfrac{\partial u}{\partial x} + u = x^2 + y^2$,试求函数 u 的表达式.

第二节 高阶微分方程

了解 n 阶微分方程(可降阶 n 阶线性微分方程,n 阶线性微分方程,n 阶常系数线性方程以及 n 阶 Euler 方程)的定义以及求解方法.

1. 可降阶 n 阶线性微分方程,n 阶线性微分方程,n 阶常系数线性方程以及 n 阶 Euler 方程的定义;
2. 高阶微分方程的求解.

例 1 求微分方程 $y''' + 2y'' + y' = 0$ 的通解.

解 所给方程的特征方程为 $r^3 + 2r^2 + r = 0$,其特征根为
$$r_1 = 0, r_2 = r_3 = -1$$
故方程的通解为
$$y = C_1 + (C_2 + C_3 x)\mathrm{e}^{-x}$$

其中是 C_1, C_2, C_3 任意常数.

A 类题

1. 求下列方程的通解:

   (1) $xy^{(5)} - y^{(4)} = 0$;

   (2) $y''' + y' = 0$;

   (3) $y^{(4)} - 2y''' + 5y'' = 0$;

   (4) $y^{(6)} - 2y^{(4)} - y'' + 2y = 0$.

2. 求初值问题的解

   $y^{(4)} - 4y''' + 8y'' - 8y' + 3y = 0, y(0) = 0, y'(0) = 0, y''(0) = 2, y'''(0) = 0$.

3. 求方程 $y''' + 3y'' + 3y' + y = e^{-x}(x - 5)$ 的通解.

参考答案

第一章 空间解析几何

第一节 平面与直线

A 类题

1. 略. **2.** (1) $2x-5y+29\pm 5\sqrt{29}=0$; (2) $\sqrt{261}$; (3) $y=3x$;
(4) $y^2+z^2-6x-8y-4z+29=0$. **3.** 略. **4.** 略. **5.** 略. **6.** $2x+3y+z=0$.

7. $8x-9y-22z-59=0$. **8.** $2x+y+2z=10$.

9. $\dfrac{x-\frac{11}{5}}{-\frac{3}{5}}=\dfrac{y+\frac{4}{5}}{\frac{7}{5}}=z$, $\begin{cases} x=-\dfrac{3}{5}t+\dfrac{11}{5} \\ y=\dfrac{7}{5}t-\dfrac{4}{5} \\ z=t \end{cases}$. **10.** $\begin{cases} x-y+1=0 \\ x-2z+5=0 \end{cases}$. **11.** $x-3y+z+2=0$.

第二节 关于直线与平面的基本问题

A 类题

1. 略. **2.** (1) A; (2) A; (3) D. **3.** $4x+y-z=11$ 或 $2x-3y+5z=1$. **4.** $-\dfrac{66}{19}$.

5. (1) 垂直; (2) 平行. **6.** (1) 平行; (2) 垂直. **7.** (1) 垂直; (2) 平行(在平面上).

8. $\left(-\dfrac{7}{6},\dfrac{5}{3},\dfrac{7}{6}\right)$.

B 类题

1. $\lambda=-5$. **2.** $\dfrac{x-1}{-2}=\dfrac{y}{1}=\dfrac{z+1}{5}$. **3.** $\dfrac{\sqrt{3}}{3}$; $\dfrac{x-1}{1}=\dfrac{y-2}{1}=\dfrac{z-6}{-1}$.

4. 先求 P 点在直线 L 上的投影点 Q, 再求过 P, Q 两点, 且垂直于平面 $z=0$ 的平面 $x+2y+1=0$.

5. $\dfrac{\pi}{3}$. **6.** $x+2y-1=0, 6x-3y+5z-6=0$.

C 类题

1. 略. **2.** $\begin{cases} x+y-z=0 \\ x+y+2z-5=0 \end{cases}$.

第三节 曲面和曲线

A 类题

1. 略. **2.** 略. **3.** $x^2+y^2+z^2-8x=0$. **4.** 略.

5. $y=\dfrac{1}{2}x$ 或 $y=\dfrac{11}{2}x$. **6.** 略. **7.** $x^2+y^2=\dfrac{5}{9}z^2$. **8.** 略.

B 类题

1. $5x^2-3y^2=1$.　　2. $(x+5)^2+(y-3)^2+z^2=121$.

第二章　无穷级数(二)

第一节　幂级数及其收敛性

A 类题

1. 略.

2. (1) $R=1,(-1,1)$;　(2) $R=\infty,(-\infty,+\infty)$;　(3) $R=1,[-1,1]$;　(4) $R=3,[0,6]$;

(5) $R=4,(-4,4)$;　(6) $R=\infty,(-\infty,+\infty)$;　(7) $R=\dfrac{1}{3},\left[-\dfrac{4}{3},-\dfrac{2}{3}\right)$;　(8) $R=5,(-8,2)$;

(9) $R=1,[4,6)$;　(10) $R=e,(-e,e)$.

3. (1) $S(x)=\dfrac{2x}{(1-x)^3}$,收敛域为 $(-1,1)$;

(2) $S(x)=\begin{cases}-\dfrac{1}{x}\ln\left(1-\dfrac{x}{2}\right),\\ \dfrac{1}{2},x=0\end{cases}$, $-2\leqslant x<0,0<x<2$,收敛域为 $[-2,2)$;

(3) $S(x)=\dfrac{1}{1-x}+\dfrac{1}{x}\ln(1-x),|x|<1,x\neq 0,S(0)=0$,收敛域为 $(-1,1)$;

(4) $S(x)=(2x^2+1)e^{x^2}$,收敛域为 $(-\infty,+\infty)$.

4. $R=3$.

B 类题

1. (1) $(-\infty,0)\cup(0,+\infty)$;　(2) $\left[\dfrac{1}{2},\infty\right)$;　(3) $\left(\dfrac{1}{e},e\right)$.

2. (1) 当 $|x|>3$ 或 $x=3$ 时级数发散;　(2) 当 $x<-8$ 或 $x>-2$ 时级数发散.

3. (1) $\dfrac{3}{4}$;　(2) $-\dfrac{8}{27}$;　(3) $3e^2$;　(4) $\dfrac{22}{27}$.　　4. 略.

第二节　Taylor 级数

A 类题

1. 略.

2. (1) $\dfrac{x}{1+x-2x^2}=\dfrac{1}{3}\sum_{n=0}^{+\infty}[1-(-2)^n]x^n,|x|<\dfrac{1}{2}$;

(2) $\sin^2 x=\sum_{n=1}^{+\infty}(-1)^{n-1}\dfrac{(2x)^{2n}}{2(2n)!},-\infty<x<+\infty$;

(3) $\dfrac{x}{\sqrt{1-2x}}=x+\sum_{n=1}^{+\infty}\dfrac{(2n-1)!!}{n!}x^{n+1},-\dfrac{1}{2}\leqslant x<\dfrac{1}{2}$;

(4) $\int_0^x e^{-t^2}dt=\sum_{n=0}^{+\infty}\dfrac{(-1)^n x^{2n+1}}{(2n+1)n!},-\infty<x<+\infty$.

3. (1) $\dfrac{1}{x} = \sum\limits_{n=0}^{+\infty}(-1)^n(x-1)^n, \ 0 < x < 2$;

(2) $\dfrac{2x+1}{x^2+x-2} = \sum\limits_{n=0}^{+\infty}(-1)^n\left(1+\dfrac{1}{4^{n+1}}\right)(x-2)^n, \ 1 < x < 3$;

(3) $\ln\dfrac{1}{x^2+2x+2} = \sum\limits_{n=1}^{+\infty}(-1)^n\dfrac{(x+1)^{2n}}{n}, \ -2 \leqslant x \leqslant 0$;

(4) $\cos x = \dfrac{1}{2}\sum\limits_{n=0}^{+\infty}(-1)^n\left[\dfrac{1}{(2n)!}\left(x+\dfrac{\pi}{3}\right)^{2n} + \dfrac{\sqrt{3}}{(2n+1)!}\left(x+\dfrac{\pi}{3}\right)^{2n+1}\right], \ -\infty < x < +\infty$.

B 类题

$\arctan\dfrac{4+x^2}{4-x^2} = \dfrac{\pi}{4} + \sum\limits_{n=0}^{+\infty}(-1)^n\dfrac{x^{4n+2}}{(2n+1)4^{2n+1}}, \ |x| \leqslant 2$.

第三节 周期函数的 Fourier 级数

A 类题

1. 略.

2. (1) $f(x) = \dfrac{\pi}{2} - \dfrac{4}{\pi}\sum\limits_{n=0}^{+\infty}\dfrac{\cos(2n+1)x}{(2n+1)^2} \ (-\infty < x < +\infty)$;

(2) $f(x) = \dfrac{2}{\pi} + \dfrac{4}{\pi}\sum\limits_{n=1}^{+\infty}\dfrac{(-1)^{n+1}}{4n^2-1}\cos 2nx \ (-\pi \leqslant x < \pi)$;

(3) $\dfrac{\pi-x}{2} = \sum\limits_{n=1}^{+\infty}\dfrac{\sin nx}{n}, \ 0 < x < 2\pi$;

(4) $f(x) = 1 - \dfrac{1}{2}\cos x + 2\sum\limits_{n=2}^{+\infty}\dfrac{(-1)^{n+1}}{n^2-1}\cos nx, \ (-\pi < x < \pi)$, 当 $x = \pm\pi$ 时, 级数收敛于 0.

3. $S(\pm\pi) = 1 - \dfrac{\pi}{2}, \ S(0) = 1$.

B 类题

1. (1) $a_n = \alpha_n \ (n = 0,1,2,\cdots), \ b_n = -\beta_n \ (n = 0,1,2,\cdots)$;

(2) $a_n = -\alpha_n \ (n = 0,1,2,\cdots), \ b_n = \beta_n \ (n = 0,1,2,\cdots)$.

2. 略.

第四节 任意区间上的 Fourier 级数

A 类题

1. (1) $f(x) = \dfrac{1}{2} + \dfrac{2}{\pi}\sum\limits_{n=0}^{+\infty}\dfrac{1}{2n+1}\sin\left(\dfrac{2n+1}{2}\pi x\right), \ (-2 \leqslant x \leqslant 2, x \neq 0)$, 当 $x = 0$ 时, 级数收敛于 $\dfrac{1}{2}$;

(2) $f(x) = -\dfrac{1}{2} + \sum\limits_{n=1}^{+\infty}\left[\dfrac{6}{\pi^2 n^2}[1-(-1)^n]\cos\dfrac{n\pi x}{3} + (-1)^n\dfrac{6}{n\pi}\sin\dfrac{n\pi x}{3}\right] (x \neq 3(2k+1), k = 0, \pm 1, \pm 2, \cdots)$;

(3) $f(x) = \dfrac{16}{\pi}\sum\limits_{n=1}^{+\infty}\dfrac{(-1)^{n+1}n}{(4n^2-1)^2}\sin 2\pi x, \ -\dfrac{\pi}{2} < x < \dfrac{\pi}{2}$.

2. $f(x) = \dfrac{4}{\pi} \sum\limits_{n=1}^{+\infty} \dfrac{\cos(2n-1)x}{(2n-1)^2}, \ 0 < x \leqslant \pi.$

3. 提示：将 $f(x) = \dfrac{\pi}{4}$ 在 $(0,\pi)$ 内展开成正弦级数.

4. $f(x) = -\dfrac{8}{\pi^2} \sum\limits_{n=0}^{+\infty} \dfrac{1}{(2n+1)^2} \cos\left(\dfrac{2n+1}{2}\pi x\right), \ 0 < x < 2.$

5. $x = 2\sum\limits_{n=1}^{+\infty} (-1)^{n+1} \dfrac{\sin nx}{n}, \ 0 \leqslant x \leqslant \pi$; $\quad x = \dfrac{\pi}{2} - \dfrac{4}{\pi} \sum\limits_{n=1}^{+\infty} \dfrac{\cos(2n-1)x}{(2n-1)^2}, \ 0 \leqslant x \leqslant \pi.$

6. $f(x) = 2 + \dfrac{2}{\pi} \sum\limits_{n=1}^{+\infty} \dfrac{(-1)^{n+1}}{n} \sin n\pi x, \ 1 < x < 3.$

B 类题

略.

第三章　多元函数的微分学(二)

第一节　隐函数微分法

A 类题

1. (1) $\dfrac{y^2 - e^x}{\cos y - 2xy}$；　(2) 略.

2. $\dfrac{\partial^2 z}{\partial x^2} = \dfrac{(2-x) + x\dfrac{\partial z}{\partial x}}{(2-z)^2} = \dfrac{(2-x) + x\left(\dfrac{x}{2-z}\right)}{(2-z)^2} = \dfrac{(2-z)^2 + x^2}{(2-z)^3}.$

3. $\dfrac{\partial^2 z}{\partial x \partial y} = \dfrac{z(z^4 - 2xyz^2 - x^2 y^2)}{(z^2 - xy)^3}.$

4. $z_x = z_y = -1, z_{xx} = z_{xy} = z_{yy} = 0.$

B 类题

1. 略. 　2. 略.

3. (1) $\dfrac{\partial u}{\partial x} = -\dfrac{3v^3 + x}{9u^2 v^2 - xy}; \ \dfrac{\partial v}{\partial x} = \dfrac{3u^2 + vy}{9u^2 v^2 - xy};$

$\dfrac{\partial u}{\partial y} = \dfrac{3v^2 + ux}{9u^2 v^2 - xy}; \ \dfrac{\partial v}{\partial y} = -\dfrac{3u^3 + y}{9u^2 v^2 - xy}.$　(2) 略. 　4. $-\dfrac{1}{7}.$

C 类题

略

第二节　多元函数的极值

A 类题

1. (1) 小；　(2) $(1, -1)$. 　2. (1) C；　(2) B；　(3) D.

3. (1) $f(a,a) = a^3$ 为极大值；　(2) 在点 $(1,0)$ 处, $z(1,0) = -1$ 为极小值.

4. $f(1,0) = -5; f(-3, 2) = 31.$ 　5. 最大值 1, 最小值 0.

B 类题

1. 极小值为 $z(9,3) = 3$, 极大值为 $z(-9,-3) = -3.$

2. 点$(0,0)$为函数$z=f(x,y)$的一个极小值点.

第三节　多元函数的条件极值

A 类题

1. (1) C； (2) B； (3) A.

2. 极小值$\dfrac{1}{2}$.　　**3.** $2\sqrt{5}$.　　**4.** $\dfrac{|Ax_0+By_0+Cz_0+D|}{\sqrt{A^2+B^2+C^2}}$.　　**5.** $\left(\dfrac{1}{6},-\dfrac{1}{3},\dfrac{4}{3}\right)$.

B 类题

1. 最大值为$z=25$，最小值为$z=0$.　　**2.** $\left(\dfrac{1}{2},-\dfrac{1}{2},0\right)$.　　**3.** $\dfrac{x}{3a}+\dfrac{y}{3b}+\dfrac{z}{3c}=1$.

C 类题

略.

第四节　偏导数的几何应用

A 类题

1. (1) B； (2) D； (3) C； (4) C； (5) C.

2. (1) 切线方程：$\sqrt{2}x-R=-\sqrt{2}y+R=-\sqrt{2}z+R$，法平面方程：$x-y-z+\dfrac{\sqrt{2}R}{2}=0$；

(2) 切线方程：$\dfrac{x-1}{1}=\dfrac{y-1}{-4}=\dfrac{z-2}{-5}$，法平面方程：$x-4y-5z+13=0$.

3. (1) $-2(x-1)+(y-2)+(z-2)=0$，$\dfrac{x-1}{-2}=y-2=z-2$；

(2) $\dfrac{x}{a}+\dfrac{y}{b}+\dfrac{z}{c}=\sqrt{3}$，$a\left(x-\dfrac{a}{\sqrt{3}}\right)=b\left(y-\dfrac{b}{\sqrt{3}}\right)=c\left(z-\dfrac{c}{\sqrt{3}}\right)$；

(3) $4x+2y-z-6=0$，$\dfrac{x-2}{4}=\dfrac{y-1}{2}=\dfrac{z-4}{-1}$；

4. $2\left(x-\dfrac{1}{2}\right)-(y+1)+(z+1)=0$；$2\left(x+\dfrac{1}{2}\right)-(y-1)+(z-1)=0$.

B 类题

1. 略.　　**2.** $x=\dfrac{a}{\sqrt{3}}$，$y=\dfrac{b}{\sqrt{3}}$，$z=\dfrac{c}{\sqrt{3}}$；$\lambda=\dfrac{abc}{3\sqrt{3}}$；$\dfrac{x}{a}+\dfrac{y}{b}+\dfrac{z}{c}=\sqrt{3}$.

3. 切点为：$(2,-3,-1)$，法平面：$x-4y-2z=16$.

第四章　第一型曲线积分和曲面积分

第一节　第一型曲线积分

A 类题

1. 略.

2. (1) $1+\sqrt{2}$； (2) $2a^2$； (3) $\dfrac{5\sqrt{5}-1}{3}$； (4) $4\sqrt{2}$； (5) $\dfrac{1}{3}\left[(2+t_0^2)^{\frac{3}{2}}-2^{\frac{3}{2}}\right]$； (6) π；

(7) 42; (8) $\dfrac{8}{3}\sqrt{2}\pi^3 a$.

3. $\dfrac{a}{3}(2\sqrt{2}-1)$.

B 类题

1. $\dfrac{16\sqrt{2}}{143}$.   2. $\dfrac{2}{3}\pi a^3$.   3. $x_0 = y_0 = \dfrac{4}{3}a$.

C 类题

$2\pi a^3$.

第二节 第一型曲面积分

A 类题

1. 略.

2. (1) $4\sqrt{61}$;   (2) $\dfrac{3-\sqrt{3}}{2}+(\sqrt{3}-1)\ln 2$;   (3) πa^3;   (4) $\dfrac{125\sqrt{5}-1}{420}$;   (5) $2\pi\arctan\dfrac{H}{R}$.

3. $\dfrac{64}{15}\sqrt{2}\,a^4$.

B 类题

1. $\sqrt{2}\pi$.   2. $a^2(\pi-2)$.   3. $\dfrac{\sqrt{2}}{6}$.

C 类题

略.

第五章 第二型曲面积分(二)

第一节 第二型曲面积分

A 类题

1. 略.

2. (1) a^4;   (2) $\dfrac{1}{3}$;   (3) $\dfrac{1}{8}$;   (4) $\dfrac{\pi}{4}$.

3. (1) $\dfrac{1}{\sqrt{14}}\iint\limits_{\Sigma}[P(x,y,z)-2Q(x,y,z)+3R(x,y,z)]dS$;   (2) $\iint\limits_{\Sigma}\dfrac{1}{a}(xP+yQ+zR)dS$.

4. $4\pi R^3$.

B 类题

1. $I = [f(a)-f(0)]bc + [g(b)-g(0)]ac + [h(c)-h(0)]ab$.

2. $\dfrac{1}{2}$.   3. $-\dfrac{1}{2}\pi h^4$.

第二节　高斯公式　通量与散度

A 类题

1. 略.　　2. $\dfrac{12}{5}\pi$.　　3. $3a^4$.　　4. $\dfrac{2}{3}\pi$.　　5. 0.　　6. $-\dfrac{6}{5}\pi$.

B 类题

1. $\dfrac{\pi R^4}{4}$.　　2. $\dfrac{\pi}{8}$.

C 类题

1. 当曲面不包含坐标原点时为 0,当曲面包含坐标原点时为 4π.　　2. 2π.

第三节　斯托克斯公式　环流量与旋度

A 类题

1. 略.　　2. (1) $(2xy-x^2, 2yz-y^2, 2zx-z^2)$;　　(2) (y,z,x).　　3. 0.　　4. -20π.

5. 0.

B 类题

1. $2S$.　　2. $-2\pi a(a+b)$.

第六章　常微分方程（二）

第一节　二阶微分方程

A 类题

1. 略.

2. (1) $y = \dfrac{1}{2}C_1 x^2 + C_2$;　　(2) $y = C_1 e^x - \dfrac{1}{2}x^2 - x + C_2$;　　(3) $C_1 y^2 - 1 = (C_1 x + C_2)^2$;

(4) $y = C_1 e^{\frac{1}{2}x} + C_2 e^{-x} + e^x$.　　3. $y = C_1 x + C_2 \ln x$.

4. (1) $y = C_1 + C_2 e^{-5/2 x} + \dfrac{1}{3}x^3 - \dfrac{3}{5}x^2 + \dfrac{7}{25}x$;　　(2) $y = C_1 x + \dfrac{C_2}{x}$;

(3) $y = x(C_1 \cos\ln x + C_2 \sin\ln x) + x\ln x$;　　(4) $y = \arctan(C_1 x + C_2 \dfrac{1}{x})$;

(5) $y = C_1(2x+1) + C_2(2x+1)^2$.

5. 略.　　6. $f(x) = \dfrac{1}{2}\sin x + \dfrac{x}{2}\cos x$.　　7. $f(x) = \dfrac{1}{3}(4e^{-x} - e^{-4x})$.

B 类题

1. $\alpha = -3, \beta = 2, \gamma = -1, y = C_1 e^x + C_2 e^{2x} + x e^x$.　　2. $\varphi(x) = C_1 e^x + C_2 e^{2x} + x(\dfrac{x}{2}-1)e^{2x}$.

3. $f(x) = -4\cos x + \sin x + 3 + \cos 2x$.　　4. $y = e^x(2-x-e^x)$.

C 类题

将 $u = u(\sqrt{x^2+y^2})$ 代入方程即可将原微分方程化为 $u''(r) + u(r) = r^2, r = \sqrt{x^2+y^2}$.

第二节　高阶微分方程

A 类题

1. (1) $y = C_1 x^5 + C_2 x^3 + C_3 x^2 + C_4 x + C_5$；　(2) $y = C_1 \cos x + C_2 \sin x + C_3$；

(3) $y = C_1 + C_2 x + e^x (C_3 \cos 2x + C_4 \sin 2x)$；

(4) $y = C_1 e^{\sqrt{2} x} + C_2 e^{-\sqrt{2} x} + C_3 e^x + C_4 e^{-x} + C_5 \cos x + C_6 \sin x$；

2. $y = e^x(1 - 3x) + e^x \left(-\cos\sqrt{2}\, x + \dfrac{3}{\sqrt{2}} \sin\sqrt{2}\, x\right)$.

3. $y = (C_1 + C_2 x + C_3 x^2) e^{-x} + \dfrac{1}{24} x^3 (x - 20) e^{-x}$.